データサイエンス概説
【第2版】

山 﨑 達 也　著

学術図書出版社

序　文

最近出されたアメリカの求人情報サイトの発表における「最高の職業ランキング」によると，年収の中央値と満足度，そして求人数の総合的観点から一位になった職業が「データサイエンティスト」であり，データ解析のスキルを身に付けて卒業する学生もアメリカでは年々増加している．日本でも，ビジネスの分野でデータ分析のニーズは急速に高まってきているものの，データサイエンティストの絶対数が不足している状況であり，将来的には 25 万人不足するとの調査結果もある．これは国内のみならず国外との間での人材獲得の競合が起きていることに加え，これまで我が国では，データサイエンティスト人材を育成する教育的な土壌が整っていなかったことが大きな要因の一つであった．

データサイエンスに対するニーズが高まってきている背景には，コンピュータやインターネットの発展による我々の社会のディジタル化がある．最近では，ディジタルテクノロジーを用いたビジネスプロセスの変革である，ディジタルトランスフォーメーションにも注目が集まっている．このような社会的変遷の中で，データサイエンスはビジネスの世界で身に付けておくべき教養となりつつあり，高等教育において全ての人が身に付けるべきリテラシーとして位置づけられてきている．

本書は以上のような背景の下，人材育成の教育的土壌である大学の教養課程であらゆる学部の学生に学んでもらうことを想定して，データサイエンスの大まかな骨組みの解説を目的にまとめたものである．前半は，データサイエンスの背景から，データに関する基礎的な知識や統計的な分析方法までをまとめてある．大学入学以前に得ているような内容も入っているが，体系的な復習として活用して頂きたい．後半は，身近なデータの例であるオープンデータやデータ分析の一連のプロセスを具体例を交えて説明し，最後にデータの法律的，倫理的側面について触れている．

本書が，大学の教養課程におけるデータサイエンス入門書として活用されることを期待する．

2020 年 8 月

山崎 達也

第2版刊行にあたって

『データサイエンス概説』の初版の出版から3年半が経過した．この間に大学及び高等専門学校への数理データサイエンス教育の広がりはますます加速し，全ての学生にデータサイエンスを必修化する動きが全国に浸透したようだ．更に高等学校の教育課程においても，2022年度より「情報I」が必修化され，2025年度の大学入学共通テストから教科「情報」が追加されることになっている．高等学校の「情報」科目はデータサイエンス教育に連携しており，ディジタル社会において基本的に身に付けるべきリテラシーとして，教育基盤が整ってきた．

本書は，人材育成の教育的土壌である大学の教養課程であらゆる学部の学生に学んでもらうことを想定して，データサイエンスの大まかな骨組みを解説することを目的にまとめたものである．高等学校で「情報I」が必修化されたとはいえ，その定着度には個人差があり，データサイエンスを学ぶ全ての学生を一人も取り残すことがないように，基礎的な部分を中心にまとめたつもりである．本書の前半は，データサイエンスの背景から，データに関する基礎的な知識や統計的な分析方法をまとめてある．後半は，身近にあるデータの例であるオープンデータを取り上げ，データサイエンスの一連のプロセスを具体例を交えて説明し，最後にデータの法律的，倫理的側面について触れている．

第2版では3年半の間の動向を踏まえて，内容を更新した．特に第8章のデータ倫理の部分では，データに関わる最新の国内外の動きを取り入れ，記述を充実させた．併せて章末課題の見直しを行い，課題の解答例を追加した．

繰り返しになるが，本書はデータサイエンスの入門書としての位置づけとなっている．いわゆる文系，理系を問わず，全ての学生がこれを第一歩として，データサイエンスや人工知能の更なる深い学びへつなげて頂ければ幸甚である．

2024年1月

山﨑 達也

目　次

第 1 章

データサイエンスの必要性

データとは，誰もが同じように把握でき，扱うことのできる事実や文字，数値のことであり，客観性と再現性が求められる．データサイエンスとは何かという問いに唯一無二の答を出すことは難しいが，様々な課題に対してデータを科学的に分析することにより解を見出そうとするアプローチの総称と考えてよいであろう．もちろんデータ分析は様々な分野で従来から行われていた手法であり，その根幹には統計学が欠かせない存在であった．近年のデータサイエンスの急速な広がりは，図 1.1 に示すようにコンピュータの発展やディジタル化が我々の社会に浸透したことに密接に関係している．

図 1.1　ディジタル化が進む社会

1.1　データとコンピュータ

コンピュータの訳語は計算機であり，文字通り計算する機械の総称である．世界最初の真空管を用いた電子式コンピュータは ENIAC (Electronic Numerical Integrator And Computer)

であり，1946年に稼働を開始した．その後，集積回路(IC: Integrated Circuit)の発明，ICの小形化や低廉化が年々進み，現在は身の回りのあらゆるものにコンピュータが組み込まれるようになった．同時に，コンピュータ同士をつなぐインターネットの出現は革命とも呼ばれるほど我々の社会を変革し，今やなくてはならない社会基盤の一つとなっている．インターネットの前身は，米国のARPANET (Advanced Research Projects Agency NETwork)と呼ばれる軍事ネットワークであり，あらかじめルートが決められた通信回線がないような状況でも，コンピュータが相互に通信ができるようにするものであった．この技術が世界的に標準化され，インターネットとして民間に広まったのが1990年代である．インターネットを利用してコンピュータ同士が情報をやり取りするための手段は様々あるが，特にWWW (World-Wide Web)[1] 技術が電子商取引，検索，情報発信など様々なサービスを利用可能とし，インターネットはライフラインの一つになってきている．特に最近では，小形，安価，高性能のコンピュータが内蔵された様々な機器や製品がインターネットにより相互に接続され，IoT (Internet of Things)と呼ばれるモノのインターネットとして利用されている．

図1.2に，コンピュータの利用形態の大まかな変化を表す．PC（パソコン）はPersonal Computerの略であり，1980年頃から一般に普及し始めた．それ以前は大型の汎用コンピュータが業務用や科学技術計算用に用いられていた．汎用コンピュータはメインフレームとも呼ばれ，複数の人が一台のコンピュータを共用するためにバッチシステムやタイムシェアリングシステムの仕組みが用いられていた．汎用コンピュータや普及当初のパソコンはネットワーク接続はなく，それ単体で用いられるスタンドアロンという形式であった．当時より相互にデータ等を交換できれば効率的であるとの考えから，コンピュータ同士でデータ交換を行うネットワーク技術の利用が進められていたが，このコンピュータネットワークを世界規模で一般化したのがインターネットである．現在では，必要なデータはインターネット上のデータセンタにあり，いつでもどこでもどの端末からでも同じサービスが受けられるクラウドコンピューティング（クラウドサービス）が広く普及している．

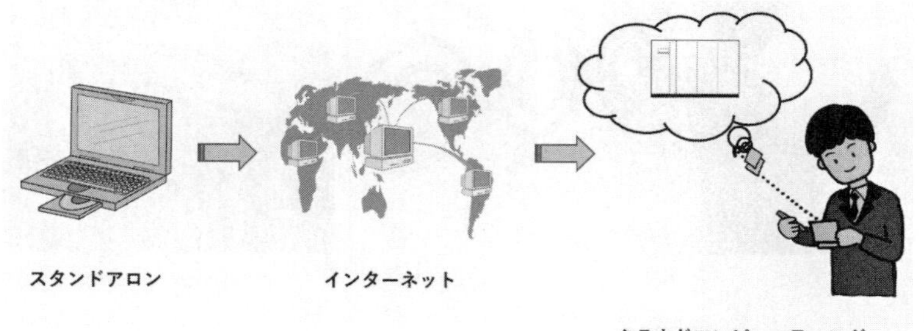

図1.2　コンピュータとインターネットの変化

[1] 本書ではWorld-Wide WebをWebと省略する．

コンピュータの中ではデータは通常 0 か 1 だけの二進数で表される．このように段階的な数値だけで表すデータはディジタルデータと呼ばれ，これに対して連続的な数量で示されるデータはアナログデータと呼ばれる．ディジタルデータには，複製が容易，耐雑音性，伝達や蓄積が容易，可逆圧縮性などの特徴がある．コンピュータとインターネットが日常的なものになった現代では，様々な機器やサービスがアナログからディジタルへと変わってきている．例えば，カメラ，放送，切符，通貨（マネー）など結構身近にある多数のものがディジタル化されている．その結果，全世界で 1 年間に生成されるディジタルデータ量は 2018 年は約 33 ゼタバイトといわれ，2025 年には約 175 ゼタバイトに達すると予想されている．

1.2 ディジタル社会で必要とされるデータサイエンス

ただ単にデータがディジタル化されるだけではなく，近年はディジタルテクノロジーを駆使した経営の在り方やビジネスプロセスの再構築に注目が集まっており，この概念はディジタルトランスフォーメーション (DX: Digital Transformation) と呼ばれ，2004 年にスウェーデンのストルターマン (Stolterman) 教授[2]が提唱したとされる．DX の例としては，ディジタル技術を利用したテレワークやシェアリングサービスが挙げられる．このようにディジタルデータにより変革が進む社会はデータ駆動 (data-driven) 社会と呼ばれることがあり，ディジタルプラットフォームを運用する巨大 IT (Information Technology) プラットフォーマの台頭が著しい．ディジタルプラットフォームとは，インターネット上のショッピングモール，フリマサイトやマッチングサイトなどであり，大量の取引データや個人データの収集が可能である場のことである．現在は巨大 IT プラットフォーマとして，主に米国や中国の企業がインターネットサービスを展開しているが，データの囲い込みや正当な競争の制限に対して警戒が必要である．

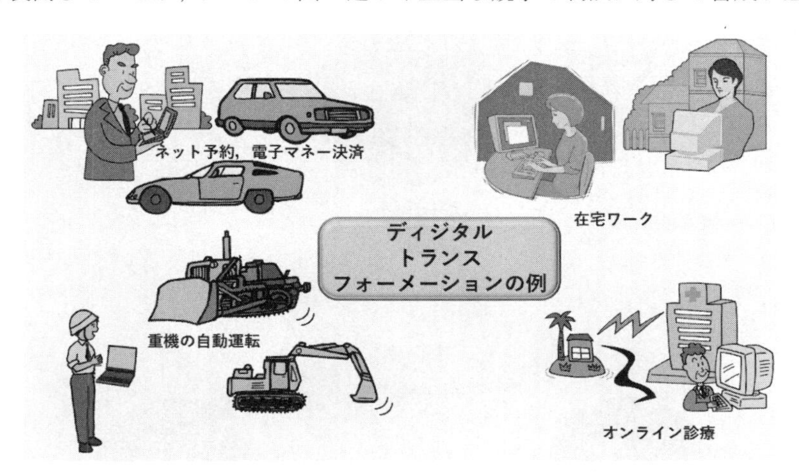

図 1.3 ディジタルトランスフォーメーションの例

このような社会の変化に伴い，多種多様なデータを横断的に処理及び分析し，有用な価値を

---

[2] 2023 年現在は米国インディアナ大学所属．

引き出すことがあらゆる分野で求められており，そこに必要とされるスキルや知識を扱う分野がデータサイエンスであるといえよう．データサイエンスはしっかりと体系立った学問領域とはいい難く，実社会におけるデータ分析が先行している状況であるが，従来の統計学やコンピュータサイエンスに加え，人文科学の知識も必要とされる新しい科学である．そしてこのようなデータを扱うために必要な知識やスキルを身に付けたデータサイエンティストが，21世紀の新しい職業として生まれてきたのである．

以前よりIT関連技術の進展の速さを，犬の1年の成長が人間の約7年の成長に相当することからドッグイヤーという言葉で呼ばれてきたが，これはデータサイエンスにも当てはまり，社会の様々な分野でのデータの利活用は急速に増加している．一方で急激にニーズが高まっているデータサイエンティストの数は，まだまだ十分ではない．特に日本ではデータサイエンティストが圧倒的に不足しており，その育成により一層力を入れていかなくてはならない．

1.3　データサイエンティストに求められるスキル

前節で，データを扱うために必要な知識やスキルを身に付けた人をデータサイエンティストとしたが，具体的に必要なスキルは図1.4に示すように，データサイエンス力，データエンジニアリング力，ビジネス力の大きく三つのカテゴリから構成される．これらは，一般社団法人データサイエンティスト協会の「データサイエンティスト スキルチェックリスト」に基づくもので，データサイエンス力は統計数理や情報科学などの数量的にデータを分析する力であり，データエンジニアリング力はデータサイエンスをコンピュータ関連技術を駆使して実装及び運用し，データを意味のある形に使えるようにする力，そしてビジネス力は取組むべきビジネス

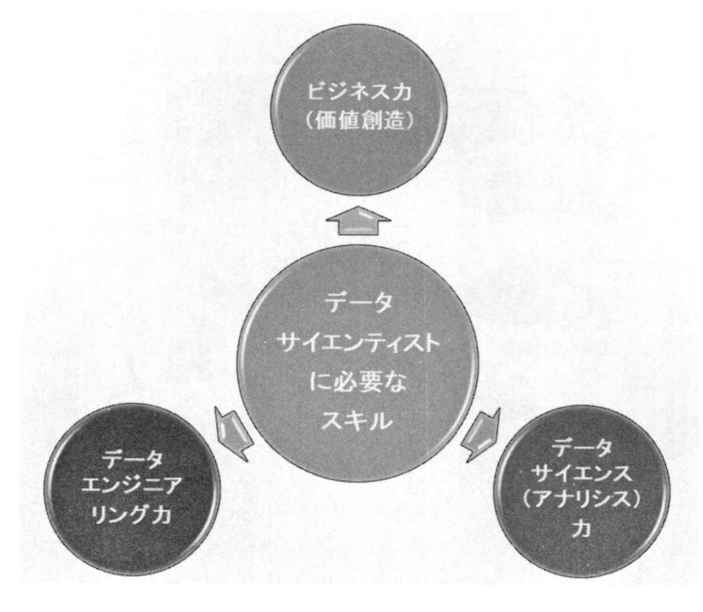

図1.4　データサイエンティストに求められる三つのスキル

課題を整理し，その背景を理解した上で解決していく力である．すなわちデータサイエンティストとは，データサイエンス力とデータエンジニアリング力をベースに，データから価値を創出し，ビジネス課題を解決するプロフェッショナルといえる．ただし，一人で三つのカテゴリで高いレベルを保持する必要はなく，実際のビジネスの場面ではチームを組んで各自が得意なスキルを活かして課題に取組むことが多く，そういう意味ではコミュニケーション力もデータサイエンティストには必須であり，これはビジネス力の一つと考えられる．

1.4 データ分析サイクル

データサイエンス力，データエンジニアリング力，ビジネス力の三つのスキルをデータ分析に適用する一般的な流れを，一連のサイクルとして図 1.5 に示す．まず何らかの課題を抱える人，これはビジネスにおける顧客に相当するが，そのような人から課題の背景などを分析し，解決すべき問題を設定する．次に設定された問題に対して解決の手順を設計し，必要と考えられるデータの収集を行う．収集されたデータは一旦データベースに蓄積されたり，場合によってはそのままデータエンジニアリングに回されたりして，コンピュータで分析ができるように準備をする．その後データ分析において，情報工学や統計学を用いて問題に対する解を導き出す．最後に最初の課題に対するソリューションとしてまとめ，課題を抱えていた人に提示し，必要に応じて課題解決に不十分な点は再度サイクルを回し，最終的に満足できるソリューションに到達するようにする．

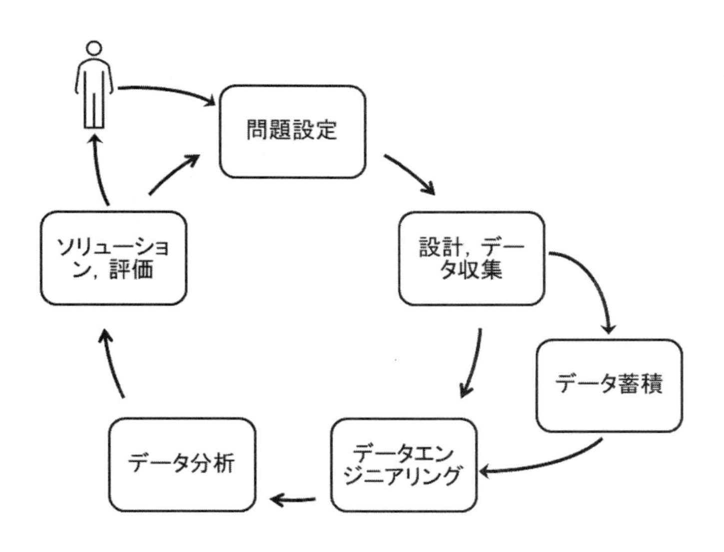

図 1.5 データ分析による課題解決のサイクル

【章末課題】

1.1　ディジタルトランスフォーメーションの例を考えよ.

1.2　データサイエンティストに求められるスキルを調べよ.

第2章

データに関する基礎的事項

データ (data) の単数形は datum であり，これはラテン語で「与えられたもの」という意味がある．この原意に基づけば，データは何らかの事象により生み出され，私たちに与えられたものであり，正しく有効に利用しなくてはならない．また，データには「客観的で再現性のある事実や数値，資料」という意味があり，そういう意味では客観的に観測した結果をノートなどに手書きで記録したものもデータである．しかしながら，このようなデータはアナログデータと呼ばれ，そのままではコンピュータで扱うことができない．アナログデータをコンピュータで処理できるように変換することが A/D (Analog/Digital) 変換である．図 2.1 は A/D 変換の概念図であり，左側の連続的なアナログデータは A/D 変換により右側の離散的なディジタルデータに変換されている．A/D 変換は AD 変換や A-D 変換と表記されることもある．データサイエンスが対象とするデータはディジタルデータであり，アナログデータは A/D 変換でディジタル化する必要がある．なお，文字も一定のルール（文字符号化方式）に従ってコンピュータが扱える数値（バイト列）に変換され，ディジタルデータとして扱うことが可能である．以降，データは特に断りがない場合はディジタルデータを指すものとする．

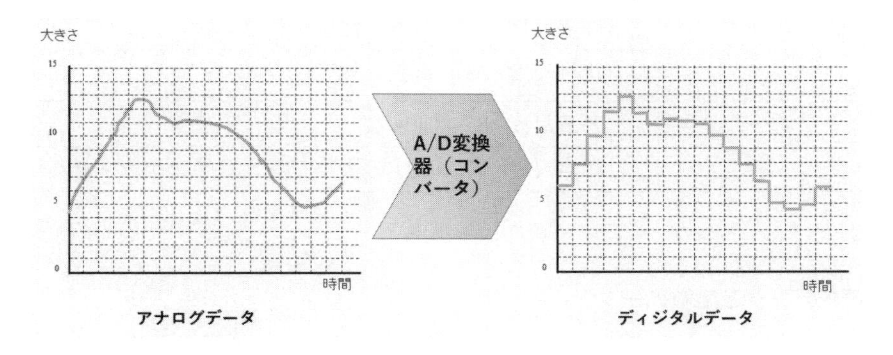

図 2.1　A/D 変換のイメージ

2.1　データの種類

データはいくつかの側面から分類することができる．以下に，従来から統計で用いられてきた分類から，データ構造の観点に基づく分類まで概説する．

2.1.1　数量データとカテゴリデータ（表 2.1）

数量データは数値として扱われるデータであり，定量的データや量的データと呼ばれることもある．数量データの例としては温度や年齢，体重が挙げられる．数量データは特性により間隔尺度と比例尺度に分けることができる．間隔尺度はデータを測定する尺度が等間隔になっているデータであり，ゼロ（原点）の位置は決められているが，ゼロは記号として用いられ，数としての意味はない．間隔尺度をもつデータには時刻，温度，日付が挙げられる．比例尺度は間隔尺度の性質を満たし，かつゼロ（原点）が数として意味をもつデータである．データ間の間隔や比率にも意味がある．比例尺度をもつデータは身長や速度である．

一方，カテゴリデータは数値として扱うことができないデータであり，定性的データや質的データと呼ばれることもある．カテゴリデータの例としては血液型や好みが挙げられる．カテゴリデータに対し数値を割り当てた場合，割り当てられた数値の性質により，名義尺度と順序尺度に分けることができる．名義尺度では，データが同じカテゴリに属しているかどうかという点に注目し判断され，データに割当てられた数値はデータの区別や分類を表す．名義尺度をもつデータの例として血液型がある．順序尺度では，データに割当てられた数値がデータの性質の順序を表している．ただし，数値の差が均等であるとは必ずしもいえない．好みの程度を順序付けられた数値で収集されたアンケート結果は，順序尺度をもつデータである．

表 2.1　数量データとカテゴリデータ

データの分類	用いられる尺度	例
数量データ	間隔尺度	時刻，温度，日付
	比例尺度	身長，速度
カテゴリデータ	名義尺度	血液型
	順序尺度	数字の大小で答えるアンケート結果

2.1.2　連続データと離散データ

数量データは連続データと離散データに分けることができる．連続データは得られるデータが途切れることなく連続していると考えられるものであり，適切な方法があればどこまでも細かく測ることができるデータである．これに対して離散データは，得られるデータが一般的に連続しておらず，飛び飛びの値をとるデータである．連続データに属するものとしては，身長や気温などがあり，離散データに属するものは人数，回数などが挙げられる．

2.1.3　構造化データと非構造化データ

構造化データは非常にかみ砕いていってしまうと，表の形式で行と列で規則正しく整理されたデータである．このようなデータは企業における契約データや顧客データなどのように業務で用いられ，従来のデータベースで管理されてきたものである．一方，インターネット上に蓄積される自由記述のテキスト文や検索履歴，更には文書データ，音声や画像などが非構造化データと呼ばれている．これらのデータにはあらかじめ行と列による規則正しい構造が与えられていないからである．非構造化データの中でも，XML (eXtensible Markup Language) 形式のものや JSON (JavaScript Object Notation) 形式のものは，データ内に規則性に関する区切りがあり，半構造化データと呼ばれることもある．

構造化データの管理及び処理は，通常リレーショナルデータベース (RDB: Relational DataBase) を用いて行われる．RDB は図 2.2 に示されるような二次元の表（テーブル）にデータを格納するもので，行はレコードまたはタプルと呼ばれ，列はカラムと呼ばれている．レコードがデータそのものに相当し，カラムはデータの属性を表している．RDB のデータ操作のために用いられるデータベース言語が SQL (Structured Query Language) である．

開講番号	学期	科目名	担当教員
231X2003	第1学期	データサイエンス実践A	熊野　英和
230F3034	第1学期	データサイエンス概論	早坂　圭司
231G3007	第1学期	データサイエンス総論 I	山﨑　達也
231G3009	第1学期	データサイエンス総論 I	山田　修司
231G3010	第1学期	データサイエンス総論 I	齋藤　裕
234G3526	第2学期	データサイエンス総論 II	飯田　佑輔

行，レコード，タプル

列（カラム），属性

図 2.2　RDB の例

2.1.4　ビッグデータ

全世界で生成されるディジタルデータ量は年々増加しており，その量を表す単位は日常生活ではほとんど使うことがないようなゼタというものであることを 1.1 節で述べた．ゼタという単位は表 2.2 に示すように 10 の 21 乗を表しており，日本語では十垓（がい）となる．非常に多くのディジタルデータがインターネット上に蓄積される傾向は，既に 20 世紀後半から認識され，ビッグデータと呼ばれるようになっている．初めにビッグデータという言葉を用いたのは，米国の当時の SGI (Silicon Graphics International) 社のジョン・マシェイ氏だといわれている．日本は約 10 年遅れ，2011 年が日本におけるビッグデータ元年といわれ，ビッグデータ時代の幕開けとなった．更に 2013 年には，Oxford English Dictionary に“Big Data”が新語として登録された．

表 2.2　単位の接頭語

読み方	表記方法	日本語の対応	10^n
キロ	k	千	10^3
メガ	M	百万	10^6
ギガ	G	十億	10^9
テラ	T	兆	10^{12}
ペタ	P	千兆	10^{15}
エクサ	E	百京（けい）	10^{18}
ゼタ	Z	十垓（がい）	10^{21}
ヨタ	Y	じょ	10^{24}
ロナ	R	千じょ	10^{27}
クエタ	Q	百じょう	10^{30}

科学技術の分野においても，従来は目的に応じた設計に基づき収集されたデータに基づいた解析や検証が主流であった．しかしながら，近年は情報通信技術 (ICT: Information and Communication Technology) 等の発展が目覚ましく，様々な分野で得られるデータが指数関数的に増大し，多様化し続けている．このような多種多様なデータを利用して，従来は考えられなかった科学的発見や予測，あるいは知識獲得や価値創造が実現できるようになりつつある．すなわち，ビッグデータの高度な統合利活用は科学技術におけるイノベーションを引き起こし，社会における新たな価値の創造やサービスの向上，システムの最適化などにつながると期待されている．

ビッグデータには画一的な定義が存在するわけではないが，米国の当時の META グループ（現ガートナー社）のダグ・レイニー氏が提唱した“3V”がよく引き合いに出される．3V，すなわち三つの V とは，図 2.3 に示すように Volume（データの量），Velocity（データの速度），Variety（データの種類）である．Volume は，ビッグデータとしてある程度大きなデータ量が必要であることを表すが，最低限このくらいデータ量が必要などという明確な基準はない．Velocity は，ビッグデータの発生はスピードが速いため処理の高速性を求めるもので，分析結果に時間がかかり時機を失ってしまっては意味がないことを表している．すなわち，ビッグデータの特徴としてリアルタイム処理性が求められている．最後の Variety は，ビッグデータの種類の多様性を特徴付けたものである．ビッグデータは前節に述べた構造化データと非構造化データから構成され，多種多様な形式のデータが混在しており，現在は構造化データと非構造化データの割合はおおよそ 2:8 であるといわれている．更に，Value（データ価値）と Veracity（データ正確性）を加えた 5V をビッグデータの特徴とすることもある．

平成 24 年には情報通信審議会 ICT 基本戦略ボードの「ビッグデータの活用に関するアド

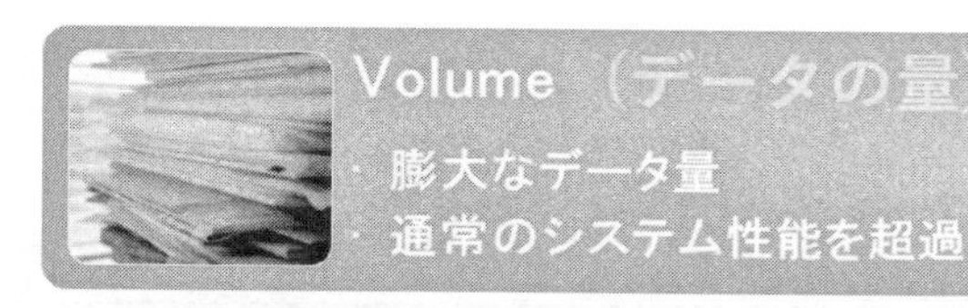

（出典）ガートナー社のダグ・レイニー氏（アナリスト）による定義

図 2.3 ビッグデータの特性を示す 3V

ホックグループ」がビッグデータの例として，ソーシャルメディアデータ，カスタマデータ，オフィスデータ，マルチメディアデータ，ログデータ，ウェブサイトデータ，センサデータ，オペレーションデータを挙げており，その多様性が如実に表れている．

【章末課題】

2.1 以下の (a) から (g) に示すデータは，表 2.1 に示すどの尺度に分類されるか．

(a) 会員番号，(b) 高度，(c) テスト得点で決まる順位，(d) 年齢

(e) テストの得点，(f) 性別，(g) 経過時間

2.2 ビッグデータと考えられる例を考えよ．

第3章

基本的なデータ処理

本章では，収集されたデータを分析する基本的な処理方法として，可視化と客観的な数値指標について述べる．可視化はデータの特徴を視覚的に明示するものであり，数値指標はデータの特徴を数値的に示すものである．

3.1　データの可視化

データの可視化とは，データを整理して目に見える形で示すことである．企業では，戦略決定を支援するために膨大なデータを分析及び加工して結果を可視化するために，BI (Business Intelligence) ツールを導入し，利用しているところもある．ここでは，より基本的なデータを可視化する方法としてヒストグラムを取り上げる．

3.2　ヒストグラム

表3.1は2023年8月にe-Statで公開された47都道府県における小学校数である．これらのデータの特性を引き出すために，データの最小値と最大値が入る範囲をいくつかの区間に分け，各区間に含まれるデータの個数（度数）を表にまとめたものが，表3.2に示す度数分布表である．度数分布表の区間は階級と呼ばれ，階級の境界の値は階級境界値，ある階級の両端の階級境界値の中央の値を階級値とする．また，最大値を基準として最小値との差をとったものをデータの範囲と呼ぶ．この度数分布表をグラフで表したものがヒストグラムであり，表3.2に対応するヒストグラムを図3.1に示す．各階級に対応する度数の大きさが棒で示されている．階級は連続しているものなので，棒と棒の間には隙間を入れない．

ヒストグラムでは，各階級の棒の高さによってデータの分布を視覚的に把握することができる．図3.2から図3.7に典型的なデータの分布を示す．図3.2は一般的に現われる形で，分布の中心付近の度数が最も大きくなり，中心から両端に離れるに従って徐々に少なくなり，大体左右対称の形になる特徴をもつ．図3.3は各階級の度数が大きくなったり小さくなったりし，歯抜けやくしの歯の形になる特徴をもっているものである．図3.4は，度数が最も大きな階級が左右どちらかに偏っている特徴をもつもので，この例では右に裾を引いている場合である．すなわち，左側の階級の値が小さい方に度数が偏り，右側に行くほどなだらかに度数が減って

表 3.1　都道府県別の小学校数（「令和 5 年度学校基本調査」（文部科学省）を基に作成）

都道府県	北海道	青森	岩手	宮城	秋田	山形	福島	茨城
小学校数（校）	950	249	271	361	174	223	390	449
都道府県	栃木	群馬	埼玉	千葉	東京	神奈川	山梨	新潟
小学校数（校）	336	303	803	756	1,323	881	436	178
都道府県	富山	石川	長野	福井	岐阜	静岡	愛知	三重
小学校数（校）	202	191	176	359	351	493	967	363
都道府県	滋賀	京都	大阪	奈良	和歌山	兵庫	鳥取	島根
小学校数（校）	219	365	983	737	188	240	114	195
都道府県	岡山	広島	山口	徳島	香川	愛媛	高知	福岡
小学校数（校）	375	463	296	184	160	279	222	714
都道府県	佐賀	長崎	熊本	大分	宮崎	鹿児島	沖縄	合計
小学校数（校）	163	318	330	260	232	491	266	18,980

表 3.2　都道府県別小学校数の度数分布表

データ区間	100–171	172–233	234–295	296–357	358–419
頻度	3	12	6	6	6
データ区間	420–481	482–543	544–605	606–667	668–729
頻度	3	2	0	0	1
データ区間	730–791	792–853	854–915	916–977	978–1039
頻度	2	1	1	2	1
データ区間	1040–1101	1102–1163	1164–1225	1226–1287	1288–1349
頻度	0	0	0	0	1

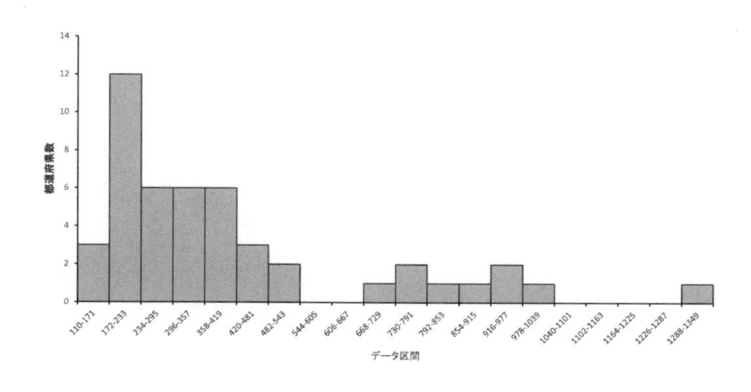

図 3.1　小学校数のヒストグラムの図（階級数 20）

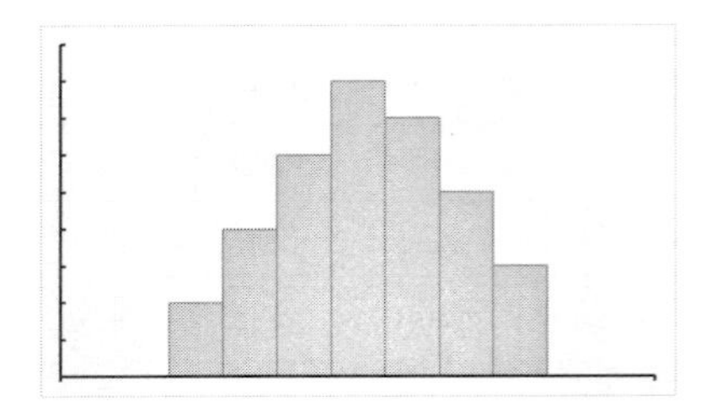

図 3.2　ヒストグラム（一般形）

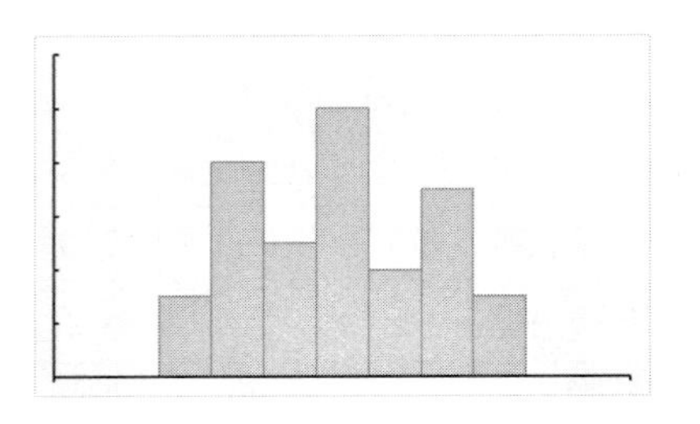

図 3.3　ヒストグラム（くし歯形）

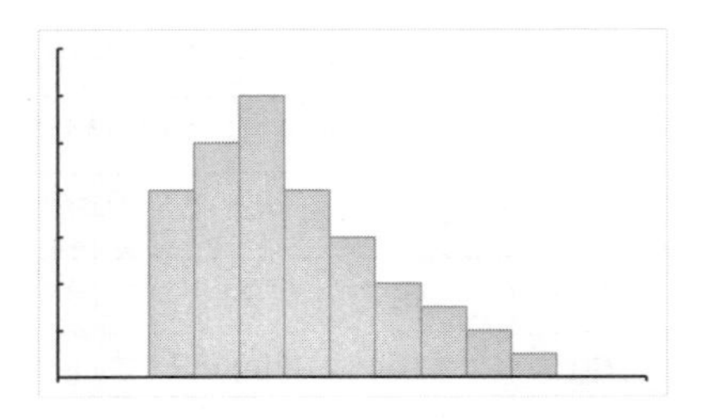

図 3.4　ヒストグラム（右裾引き形）

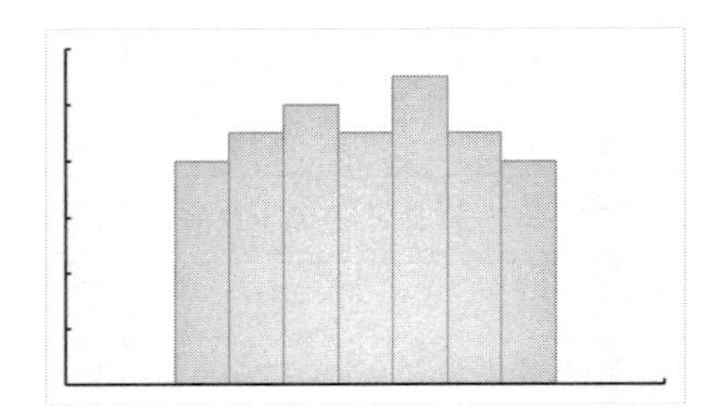

図 3.5　ヒストグラム（高原形）

いくパターンである．左右に逆になったパターンは左に裾を引いている場合になる．図 3.5 は各階級の度数にあまり差が出ず，棒の高さが大体同じになっている場合を示している．また，周囲より度数が大きい階級が複数ある場合は，データは多峰性であるという．これに対して，周囲より度数が大きい階級が一つととらえられるときはデータは単峰性であるという．図 3.6 の場合は山が二つあるように見えるので二峰性であるという．さらに図 3.7 に示すようにデータが分かれてしまうような場合には，測定ミスなどにより外れ値が生じている可能性があるので，気を付けなくてはならない．

ヒストグラムではデータが入る区間である階級の数 k を適切に選択する必要があり，これを決める目安の一つとして，式 (3.1) で表されるスタージェスの公式 (Sturges' rule) が知られている．

$$k = 1 + \log_2 N \tag{3.1}$$

ここで N はデータ数である．表 3.1 の場合は $N = 47$ であるので，

$$k = 1 + \log_2 47 \approx 6.55 \tag{3.2}$$

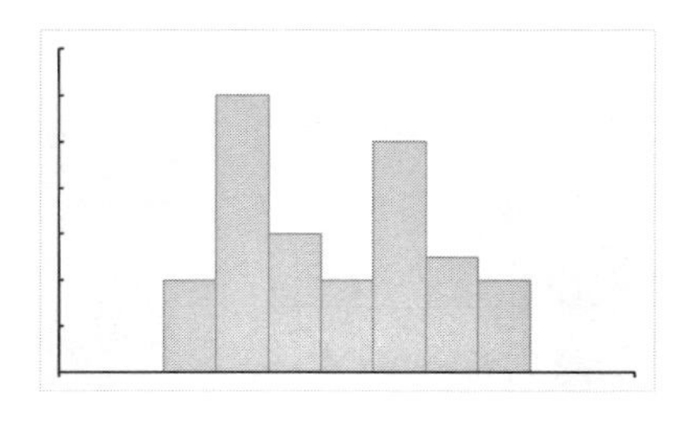

図 3.6　ヒストグラム（ふた山形）

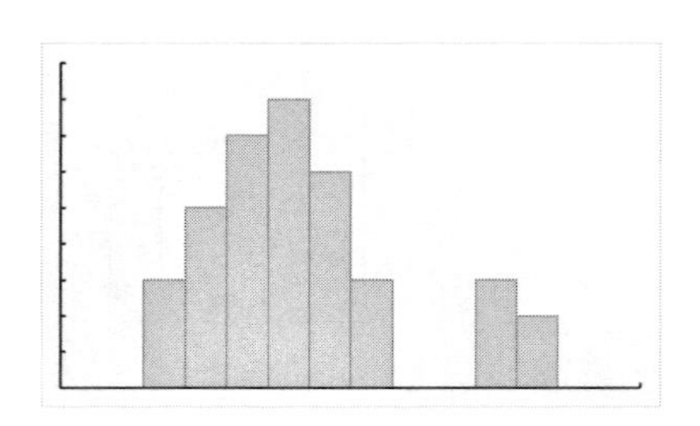

図 3.7　ヒストグラム（離れ小島形）

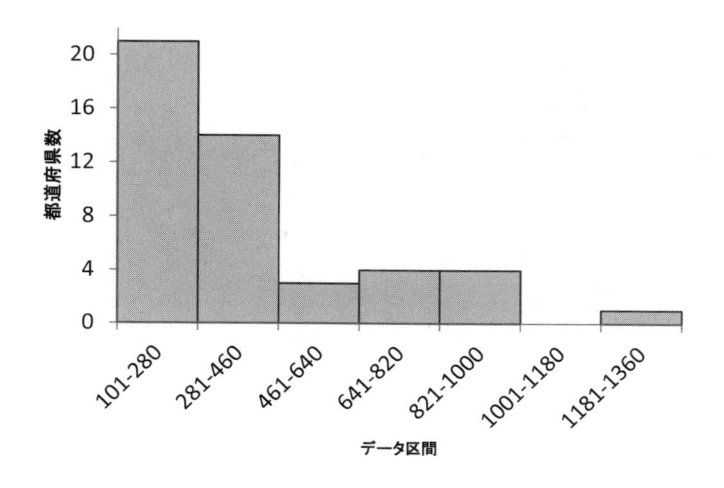

図 3.8　小学校数のヒストグラムの図（階級数 7）

となり，階級数の目安が 7 であることが分かる．実際に階級数を 7 にした場合のヒストグラムを図 3.8 に示す．

3.3　その他のグラフ

データ可視化のためには他の形式のグラフも用いられる．図 3.9 に示されるのは折れ線グラフであり，量の増減の変化を示すのに適しており，しばしば時系列データの可視化に用いられる．図 3.9 は 2015 年を 100 とした，1970 年から 2019 年のカップ麺の消費者物価指数の変化を示しており，年ごとの増減の様子が分かる．図 3.10 に示すのは円グラフ（パイチャート）であり，全体に占める個々の要素の割合を示すのに適している．図 3.10 は 2017 年の国別の二酸

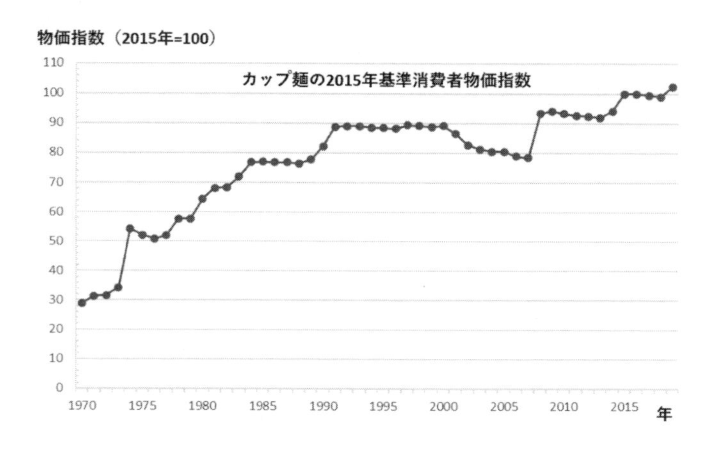

図 3.9　折れ線グラフの例（「2015 年基準消費者物価指数」（総務省統計局）を基に作成）

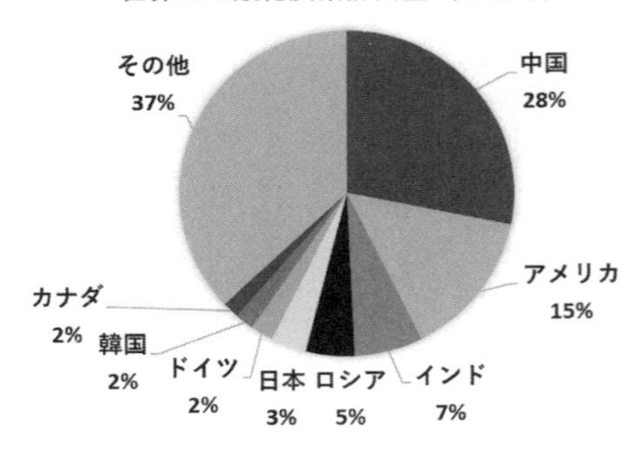

図 3.10　円グラフの例（「世界のエネルギー起源 CO2 排出量（2017 年）」（環境省）を基に作成）

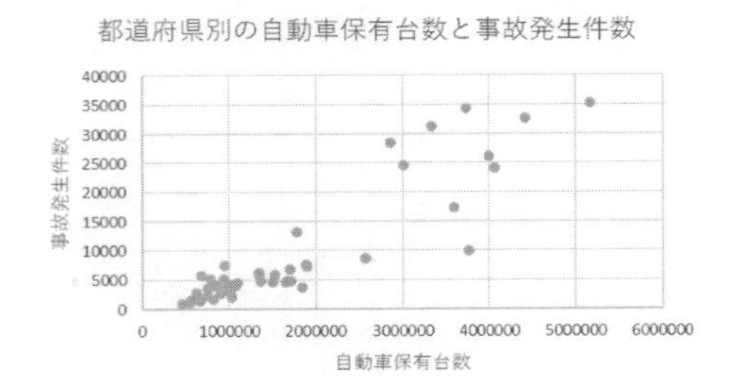

図 3.11　散布図の例（「都道府県別・車種別保有台数表」（一般財団法人自動車検査登録情報協会）及び『平成 30 年交通年鑑』（福岡県警察本部）を基に作成）

化炭素排出量を表しており，排出量の多寡が明白である．図 3.11 に示すのは散布図であり，通常二つの変数の間の関係を表すのに適している．図 3.11 は都道府県別の自動車保有台数と事故発生件数の関係性を示しており，横軸に自動車保有台数，縦軸に事故発生件数をとり，都道府県ごとに点をプロットしてある．

3.4　客観的数値指標

ここまでデータの特性を把握するために，グラフなどを用いて視覚的に分かる形で整理し，直感的な理解へとつなげる方法について言及してきた．以下では，データの特徴を客観的に数値で表すために用いられる指標を取り上げる．

3.4.1　平均値，中央値，最頻値

データの分布の代表的な値を示すために，平均値，中央値，最頻値がある．これらの値は得られたデータ全体を特徴付ける量として代表値と呼ばれており，以下で例を用いて説明する．表 3.3 は 9 名のあるテストの得点である．

表 3.3　テストの点数

学生	A	B	C	D	E	F	G	H	I
点数	60	50	50	80	30	40	70	20	50

平均値は最もよく用いられるもので，全ての得点を足してデータ数で割ったものとなる．表 3.3 の場合は

$$\frac{60+50+50+80+30+40+70+20+50}{9} = 50 \tag{3.3}$$

より平均点は 50 点となる．ここでの平均値は算術平均（相加平均，加算平均）であり，一般的

には n 個のデータ $x_1, x_2, \ldots, x_n$ に対して

$$\bar{x} = \frac{x_1 + x_2 + \ldots + x_n}{n} \tag{3.4}$$

$$= \frac{1}{n}\sum_{i=1}^{n} x_i \tag{3.5}$$

と表せる．平均値の求め方には他に加重平均，幾何平均（相乗平均，調和平均）などがある．

中央値はデータを数値の大小の順序に従って並べたときに中央に来る値である．表 3.3 を得点順に並べ替えたものは表 3.4 になる．表 3.4 より中央値は 50 点となる．中央値はメディアンとも呼ばれる．なお，データ数が偶数の場合は，一般的に中央にある二つのデータの数値の平均値を中央値とする．

表 3.4 並べ替えたテストの点数

学生	H	E	F	B	C	I	A	G	D
点数	20	30	40	50	50	50	60	70	80

最頻値はモードとも呼ばれ，最も多く現れるデータの数値となり，表 3.4 の場合では最頻値は中央値と同じ 50 点となる．データが連続データの場合は個々のデータ値で最頻値をとるよりも，度数分布表を作成し，最も度数が多い階級の階級値を最頻値とした方がよい．

3.4.2 分散，標準偏差

データの分布の散らばり具合はデータの範囲で大まかには分かるが，より個々のデータがどの程度散らばっているかを表す指標が分散や標準偏差である．n 個のデータ $x_1, x_2, \ldots, x_n$ に対する分散 s^2 は

$$s^2 = \frac{(x_1 - \bar{x})^2 + (x_2 - \bar{x})^2 + \ldots + (x_n - \bar{x})^2}{n} \tag{3.6}$$

$$= \frac{1}{n}\sum_{i=1}^{n}(x_i - \bar{x})^2 \tag{3.7}$$

と表せる．$\bar{x}$ は n 個のデータの平均値である．言葉で説明すると，分散は個々のデータ値とデータ全体の平均値の差を二乗したものの平均値である．ここで，データ値と平均値の差を偏差と呼ぶ．

標準偏差は分散の正の平方根であり，$s = \sqrt{s^2}$ となる．分散は求めるときに偏差を求めているが，偏差は正負の両方の値が出てくるので，そのまま加算すると平均値からの差が相殺されてしまう．そのため二乗することにより平均値からの離れ具合を同じように扱えるようにしている．しかしながら，二乗することで元々のデータの単位と異なってしまうので，平方根をとってデータと単位をそろえたものが標準偏差である．可視化の際には，これを誤差棒 (error bar) として，図 3.12 のように表示する場合もある．

ここで表 3.4 に戻って 9 名の標準偏差を求めてみる．各データの偏差は表 3.5 のようになる．

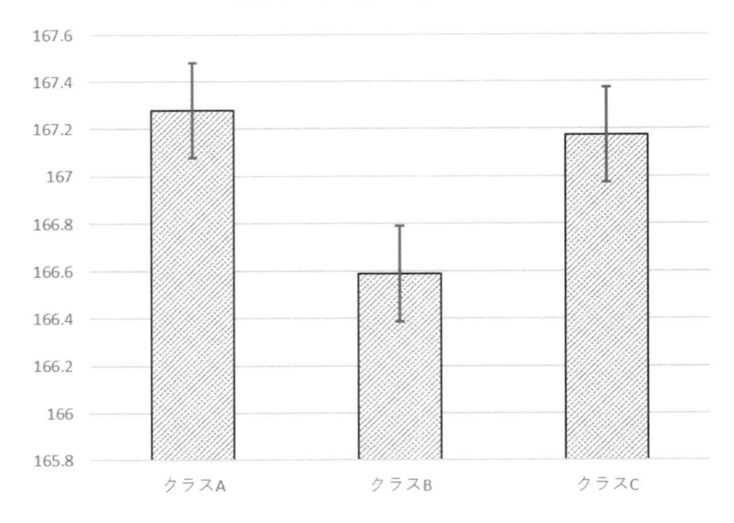

図 3.12　誤差棒のある棒グラフの例

表 3.5　各データの偏差

学生	H	E	F	B	C	I	A	G	D
点数	−30	−20	−10	0	0	0	10	20	30

これらの偏差より分散を求めると以下のようになる．

$$s^2 = \frac{(-30)^2 + (-20)^2 + (-10)^2 + (10)^2 + (20)^2 + (30)^2}{9} \tag{3.8}$$

$$= \frac{2800}{9} \approx 311.1 \tag{3.9}$$

なお，偏差が 0 のデータは記載を省略している．ここで求めた分散は標本分散であり，より一般的な形では以下の式となる．

$$s^2 = \frac{1}{n}\sum_{i=1}^{n}(x_i - \bar{x})^2 \tag{3.10}$$

次に，表 3.3 に示されている 9 名の得点のデータが全てではなく，本来調べたいデータ全体の一部である場合を考える．この場合，データ全体は母集団と呼ばれ，9 名のデータはそこから抽出された標本（サンプル）である．一般に，標本から得られた統計量の期待値が母集団の母数（平均値や分散）と一致するとき，その統計量を不偏推定量という．標本から計算される平均値はそのまま母集団の平均値の不偏推定量なので一致する．しかし，n が十分に大きくない場合には標本分散の期待値は母分散に一致せず，母分散より小さくなる．そのため，母集団の分散に対する不偏推定量は，標本分散 s^2 の分母の n を $n-1$ で置き換えた以下の式で定義され，これを不偏分散 σ^2 という．

$$\sigma^2 = \frac{1}{n-1}\sum_{i=1}^{n}(x_i - \bar{x})^2 \tag{3.11}$$

データ数 n が大きくなれば標本分散と不偏分散は一致していく．不偏分散 σ^2 と標本分散 s^2 の間には以下の関係がある．

$$\sigma^2 = \frac{n}{n-1}s^2 \tag{3.12}$$

$n < 30$ の場合は不偏分散を用いることが一つの目安となっており，実は先ほどの 9 名のデータの例では，不偏分散 σ^2 の方を用いるべきであり，

$$\sigma^2 = \frac{(-30)^2 + (-20)^2 + (-10)^2 + (10)^2 + (20)^2 + (30)^2}{8} \tag{3.13}$$

$$= \frac{2800}{8} = 350 \tag{3.14}$$

となり，これより標準偏差は $\sqrt{350} \approx 18.7$ とすべきである．

Microsoft Excel を用いて分散を求める場合にも，この二つを適切に区別して使用する必要がある．標本分散の計算の際には VAR.P（Excel2007 以前は VARP）関数を，不偏分散の計算時には VAR.S（同 VAR）関数を用いる．

3.5 箱ひげ図

データの散らばり具合を可視化する方法として箱ひげ図がある．図 3.13 に箱ひげ図の一例を示す．長方形が「箱」であり，長方形から上下に出ている線が「ひげ」を表す．箱ひげ図の作成方法はいくつかあるが，ここに示しているのは外れ値検出を行った場合の箱ひげ図である．ここで新たに分位点（分位数）という言葉が出てきているが，これはデータを小さい値から大きい値へと並べ，ある割合でデータを分割する点のことである．特に使われる機会が多い四分位点は，並べられた全てのデータを四つに等しく分けたときの三つの区切りの点を表し，小さい方から第 1 四分位点，第 2 四分位点，第 3 四分位点と呼ばれる．第 2 四分位点は中央値のことである．中央値が求まれば，中央値より下の範囲にあるデータから求めた中央値を第 1 四分位点とし，中央値より上の範囲にあるデータから求めた中央値を第 3 四分位点とする簡便な方法がある．第 1 四分位点と第 3 四分位点の差を四分位範囲 (IQR: interquartile range) と呼び，データの半数がこの領域に含まれることから IQR はデータの散らばりの度合いを表す指標として用いられる．

図 3.13 の箱ひげ図の作成方法は以下の通りである．

1. データの中央値を求め，箱の中の横線の位置とする．
2. 第 1 四分位点及び第 3 四分位点を箱の両端とする．
3. 以下の式で計算された上下限値の範囲内にあるデータ点の一番大きい値と小さい値（図中の最大値と最小値）をひげの両端とする．
   - 上限値： 第 3 四分位点 $+ 1.5 \times$（四分位範囲）
   - 下限値： 第 1 四分位点 $- 1.5 \times$（四分位範囲）
4. ひげの下端より小さい，若しくはひげの上端より大きい値のデータは外れ値とする．
5. 平均値を，箱の内部に「×」で表す．

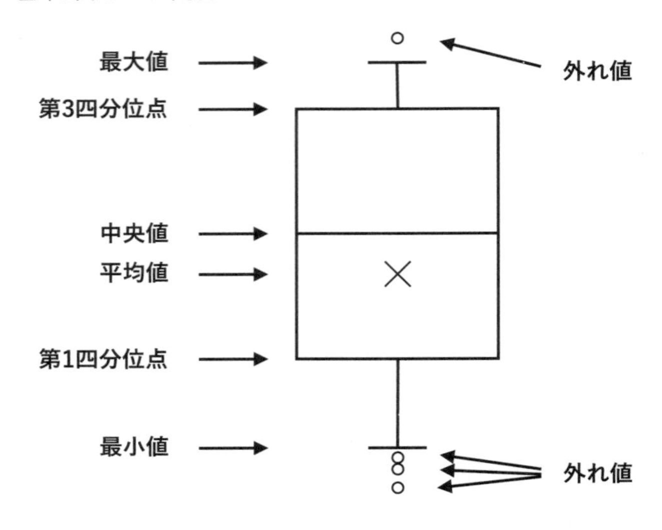

図 3.13　箱ひげ図の例

四分位点の求め方や箱ひげ図の作成の方法は他にいくつか提案されていて，上は一つの例である．

具体的な例で箱ひげ図の作成をみてみる．表 3.6 に示されるような 13 個のデータが収集された場合を考える．データを小さい順に並べ替えたものが表 3.7 である．データの最大値は 49，最小値は 2 である．データ数が奇数なので，第 2 四分位点は中央値となり，7 番目の 25 となる．中央値を除いて，数値が下の範囲にあるデータと数値が上の範囲にあるデータに分け，下の範囲にあるデータの中央値が第 1 四分位点，上の範囲にあるデータの中央値が第 3 四分位点となる．今回は上の範囲，下の範囲にあるデータ数は共に偶数なので，第 1 四分位点は 3 番目と 4 番目の平均値で 20，第 3 四分位点は 10 番目と 11 番目の平均値で 29 と求められる．四分位範囲は 9 であり，上限値は $29 + 1.5 \times 9 = 42.5$，下限値は $20 - 1.5 \times 9 = 6.5$ となり，ひげの

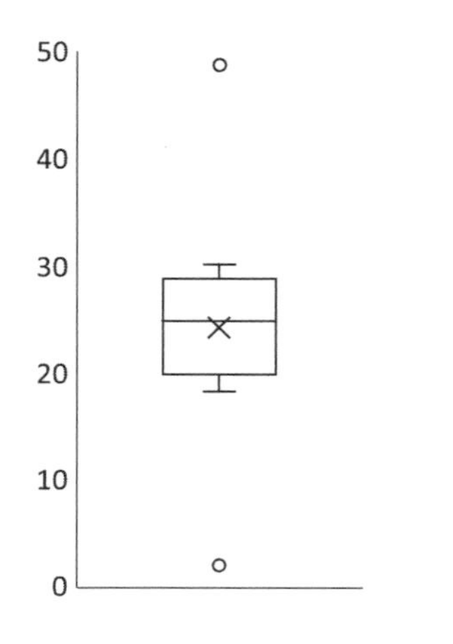

図 3.14　表 3.6 に対する箱ひげ図

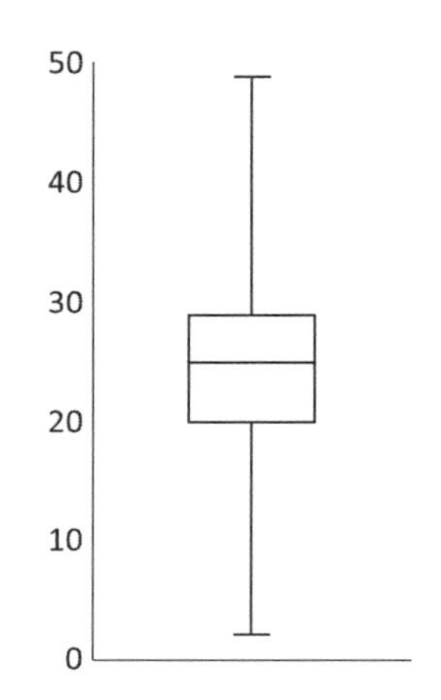

図 3.15　外れ値を示さない箱ひげ図

上端は 30，下端は 18 となる．順位 1 番目のデータ 2 と 13 番目のデータ 49 は外れ値である．全データの平均値は 24.92 でほぼ中央値に等しい．結果として得られる箱ひげ図を図 3.14 に示す．また，外れ値を示さず，ひげの上端と下端をデータの最大値や最小値とする作成方法もある．この方法で平均値の表記も省略した箱ひげ図を図 3.15 に示す．

表 3.6　収集されたデータ

データ	29	21	19	30	25	49	2	26	29	24	27	25	18

表 3.7　並べ替えられたデータ

順位	1	2	3	4	5	6	7	8	9	10	11	12	13
データ	2	18	19	21	24	25	25	26	27	29	29	30	49

なお，中央値や分位点はデータの並びのみから算出されるので，極端な外れ値があっても影響を受けず，この性質をロバスト (robust) と表現することがある．一方，平均値や分散はデータの値そのものを用いて計算されるため，外れ値の影響を受けやすい．

【章末課題】

3.1　図 3.8 を円グラフで表示せよ．

3.2　表 3.1 のデータを用いて，平均値，分散，標準偏差を求めよ．

第4章

オープンデータとその応用

国，地方公共団体，または事業者が保有する官民データの中で，営利目的，非営利目的を問わずに二次利用可能なルールの下で，機械判読に適した形で無償で公開されたものがオープンデータと定義されている．すなわち，誰もが許可されたルールの範囲内でデータを自由に複製，加工，頒布などができるようにして，データの価値を共有しようというものである．ここで機械判読というのは，コンピュータ（機械）が内容を処理できる形式になっていることである．以降も機械という用語はコンピュータと読み替えることができる．

我が国では，オープンデータの流通や利活用を促進するため，平成24年7月に「電子行政オープンデータ戦略」が策定され，平成28年5月には「官民一体となったデータ流通の促進」が当時のIT本部・官民データ活用推進戦略会議により決定され，その1年後には「オープンデータ基本指針」が当時の高度情報通信ネットワーク社会推進戦略本部（IT総合戦略本部）で決定されてきている．

米国では，第44代のオバマ大統領が政権公約としてオープンガバメントとオープンデータを掲げてから取組が加速し，大統領就任からわずか4か月後の2009年5月に政府のデータカタログサイト「data.gov」が立ち上がり，米国のオープンデータが公開されるようになった．米国に若干遅れたものの，英国でも2009年10月にデータポータルサイト「data.gov.uk」が開設された．我が国では，平成25年12月20日に各府省のオープンデータを公開する「データカタログサイト試行版」が開設され，平成26年10月から本格運用が開始されている．このサイトより，複数の府省が保有するデータを横断して一元的に取得することが可能となっている．

4.1 オープンデータの公開レベル

Webの発明者であるティム・バーナーズ＝リー氏が，オープンデータの公開のための五つ星スキームを提案している．オープンデータという名の下で公開されていても，そのデータフォーマットなどはまちまちであるため，5段階レベルでデータオープン化の状態を星（★）の数で表したものである．なお，ティム・バーナーズ＝リー氏は，リンクトデータ (Linked Data) の創始者でもある．リンクトデータは，URI (Uniform Resource Identifier) を識別子として使用し，これにより世界に存在する情報，サービス，機器などの様々な資源（リソース）

に一意の名前を与えることができるものである．その結果，外部データからの特定なリンクが可能となり，機械可読なデータ間をリンク付けて Web 上に公開することが実現できる．URL (Uniform Resource Locator) も URI の一部である．

レベル 1

レベル 1 は★一つであり，機械を用いた編集が困難であるが，オープンライセンスで WWW 上で公開されているレベルである．自由な編集が困難であるため，PDF (Portable Document Format) 形式のデータや JPEG (Joint Photographic Experts Group) 形式等の画像データがこのレベルに入る．

レベル 2

レベル 2 は★二つであり，構造化データの形式になっていて機械での編集が可能なレベルである．特定のソフトウェアを使えば編集可能なデータがこのレベルに入り，例えば Excel 形式のデータが挙げられる．

レベル 3

レベル 3 は★三つであり，機械編集が可能で，かつ特定の商用ソフトウェアに依存しないレベルである．例として，テキストデータをコンマで区切った形式の CSV (Comma-Separated Values) ファイルや，非構造化データとして例示した XML，JSON ファイルは，様々なソフトウェアで編集可能であるため，このレベルに位置づけられる．

レベル 4

レベル 4 は★四つであり，現在の Web 標準のフォーマットである RDF (Resource Description Framework) に基づいてデータを公開しているレベルである．

レベル 5

レベル 5 は★五つであり，RDF の各要素に URI が設定され，リンクトデータとして他のデータソースへのリンクによるデータネットワークを構成するレベルである．これにより公開されたオープンデータはリンクトオープンデータ (LOD: Linked Open Data) と呼ばれる．

4.2　クリエイティブ・コモンズにおける 4 種の条件

著作権法上，著作物とは「思想又は感情を創作的に表現したもの」とされており，かつ「文芸、学術、美術又は音楽の範囲に属するもの」と位置づけられている．写真も該当しており，著作物をオープンデータとして公開する際は利用可能な範囲を明示するべきである．

クリエイティブ・コモンズ (Creative Commons) のライセンスは，著作物の作者が自身の許可した範囲内で，著作物をインターネット上に広く流通させることを可能とする国際的な許諾の枠組みである．クリエイティブ・コモンズは CC と略され，クリエイティブ・コモンズのライセンスは CC ライセンスとも表記される．作者は CC ライセンスの下で著作物を公開することで，著作権を保持したまま自由に流通させることができ，その利用者はライセンス条件の範囲内で改変や再配布をすることが可能となる．クリエイティブ・コモンズは，下記の 4 種の条件で構成されている．

表示 (BY/Attribution)：　元の著作物の創作者（著作者）の氏名など，著作物に関する情報を表示すること

非営利 (NC/No-commercial)：　元の著作物を営利目的で利用しないこと

改変禁止 (ND/No-deriv)：　元の著作物を改変しないこと

継承 (SA/Share-alike)：　元の著作物のライセンス条件を継承し，同じ組み合わせの CC ライセンスで公開すること

これらの条件を組み合わせてできる 6 種類の CC ライセンスを表 4.1 にまとめてある．また，それぞれの CC ライセンスには図 4.1 に示すように公式アイコンが決まっている．著作物の作者は適切な組み合わせの CC ライセンスを付与して公開することになる．

表 4.1　6 種類の CC ライセンス

ルール名称	表示	非営利	改変禁止	継承
表示ライセンス (CC BY)	有	無	無	無
表示-継承ライセンス (CC BY SA)	有	無	無	有
表示-非営利ライセンス (CC BY NC)	有	有	無	無
表示-非営利-継承ライセンス (CC BY NC SA)	有	有	無	有
表示-改変禁止ライセンス (CC BY ND)	有	無	有	無
表示-非営利-改変禁止ライセンス (CC BY NC ND)	有	有	有	無

CC BY	表示ライセンス（CC BY）
CC BY SA	表示−継承ライセンス（CC BY SA）
CC BY NC	表示−非営利ライセンス（CC BY NC）
CC BY NC SA	表示−非営利−継承ライセンス（CC BY NC SA）
CC BY ND	表示−改変禁止ライセンス（CC BY ND）
CC BY NC ND	表示−非営利−改変禁止ライセンス（CC BY NC ND）

図 4.1　CC ライセンスの公式アイコン

4.3　オープンデータの応用事例

Wikipedia（ウィキペディア）はその Web ページに「ウィキメディア財団が運営している多言語インターネット百科事典」と書かれており，「コピーレフトなライセンスのもと」で「サイトにアクセス可能な誰もが無料で自由に編集に参加できる」となっている．すなわち，Wikipedia における文章素材は「表示 - 継承 (CC BY SA)」の条件で二次利用可能であり，投稿や発信に対して制限がされていないオープンデータのウェブ百科辞典である．しかしなが

ら，オープンデータであることと内容の信頼性は別問題であるので，利用する際には十分注意する必要がある．

内閣官房 IT 総合戦略室（令和 3 年 8 月に廃止）では，様々な事業者や地方公共団体等によるオープンデータの利活用事例やアクティビティ（全国各地の特筆すべき継続的なイベント・プロジェクト等）を，「オープンデータ 100」という名称の事例集として公開してきた．利活用事例の選定基準は

- オープンデータを利用した新規性かつ実用性のある事例であること
- 一時的な利活用事例ではないこと
- 原則的に既に登録済の利活用事例に類似の取組がないこと

であり，アクティビティの選定基準は

- オープンデータの普及を目的とした地域の特徴的な取組であること
- 継続性があること
- 主な利用者あるいは参加者が明確であること
- 広域で展開されている，若しくは展開可能な活動であること

である．「オープンデータ 100」はデジタル庁によって引き継がれている．

ここでは，「オープンデータ 100」に掲載されていた最初の三事例を紹介する．

4.3.1　会津若松市消火栓マップ

会津若松市はオープンデータ利活用基盤サイト「DATA for CITIZEN」を運営し，データ

図 4.2　会津若松市消火栓マップ（CC BY 4.0 Code for Aizu / オープンデータ 100，オリジナルの一部をグレースケール化して使用，https://www.digital.go.jp/resources/data_case_study/，別途注釈がある場合を除いて、このサイトの内容は、クリエイティブ・コモンズ・ライセンス 表示 4.0 の下で提供されます。）

セットを公開している．このサイトに会津若松市内の消防水利位置情報として，消火栓及び防火水槽の位置情報を記録したデータがCSV形式で公開されている．このデータを基にGoogle Map上に周囲の消火栓と消火水槽を表示するため，この地図アプリが2014年5月に公開された．このアプリを用いることにより，全ての消火栓を表示する，最も近い消火栓へのルートを探す，住所を指定して消火栓を探すなど，多彩な検索が可能となる．

このアプリの開発は，消防団員が管轄外へ応援に行く際に消火栓を探すために大変な苦労と時間がかかった，という現実の課題に基づくもので，アプリの利用により「応援に駆けつけた消防団員が，現地に到着するまでにあらかじめ消火栓の位置を把握できるようになり，迅速な応援が可能となった」とある．

4.3.2　アグリノート

アグリノートはウォーターセル株式会社が開発した，農業事業者がPCやスマートフォンから正確かつ簡単に農作業を記録することができる，クラウドサービスを用いた農業支援システムである．活用されているオープンデータは，農業水産消費安全技術センターが公開している農薬データベースであり，農薬登録情報としてExcel形式とCSV形式で公開されている．

従来は，農業事業者は農作業の記録を手書きで管理するために多大な時間と労力を必要としていたり，記録の汚損や記録忘れのリスクもあったりした．アグリノートではこの点を改良するために，今までノートに記録していた与えた肥料量や農薬使用量といった過去のデータと，

図 4.3　アグリノート（CC BY 4.0 ウォーターセル株式会社 / オープンデータ 100，オリジナルの一部をグレースケール化して使用，https://www.digital.go.jp/resources/data_case_study/，別途注釈がある場合を除いて、このサイトの内容は、クリエイティブ・コモンズ・ライセンス 表示 4.0の下で提供されます。）

これまで手間をかけて調べていた農薬データベースが，容易に同時に参照することができるようになっている．アグリノートの導入により，農業事業者はPCやスマートフォンなどから記録と集計が可能になり「いつもの作業」の続きで国の農薬と肥料のデータベースを参照できるようにできるようになった．その結果，圃場やハウスなどからスマホで農薬・肥料データの確認が可能になった．

4.3.3 イーグルバス

イーグルバスはイーグルバス株式会社が開発した，バス運行状況の見える化サービスである．バスの入り口に設置した赤外線センサ[1]とGPS (Global Positioning System) により，停留所ごとの乗降人数と各停留所の通過時刻の計測データを収集し，停留所ごとの乗降数，乗車人数，バスの遅延表示を行った．更に，問題点の自動抽出やシュミレーション機能によって運行を見える化した．

埼玉県ときがわ町の真ん中にハブのバス停留所を設置して，バスを集約して乗り換えるハブ＆スポークを実証し，輸送効率と利便性の向上を実現した．さらに十勝（北海道），宇部（山口県），ラオスのビエンチャン市のバスにも採用され，サービスの横展開も進められた．

背景には，高齢化による定年退職者の増加，少子化による通学者の減少によって乗合バスの

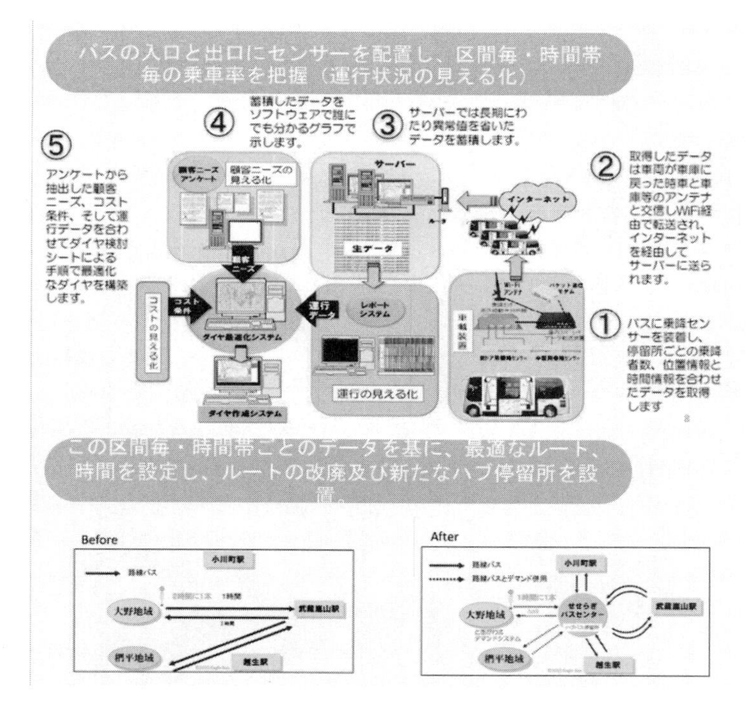

図 4.4 イーグルバス（CC BY 4.0 イーグルバス株式会社 / オープンデータ 100，オリジナルの一部をグレースケール化して使用，https://www.digital.go.jp/resources/data_case_study/，別途注釈がある場合を除いて、このサイトの内容は、クリエイティブ・コモンズ・ライセンス 表示 4.0 の下で提供されます。）

---

[1] 人が発する遠赤外線を検知するセンサ．

利用者が年々減少を続け，乗合バス事業者の経営が困窮を極めているという社会的な課題があった．そのため，勘と経験に頼った経営から，データを基にしたバス運行状況の見える化で輸送の効率化を図るという目的があった．更に，交通だけでなく地元の生活施設や観光施設を入れた拠点作りにまで発展させるコミュニティ形成を行うことによる，地域の活性化への貢献が期待される．

【章末課題】

4.1　身の回りでCCライセンスで公開されている例を調べよ．

4.2　自分の出身の都道府県あるいは市町村がどのようなオープンデータを公開しているか，調べよ．

第 5 章

データ収集からデータエンジニアリングまで

第 1 章で，データサイエンティストに必要なスキルは，データサイエンス力，データエンジニアリング力，ビジネス力の三つのカテゴリから成ると述べ，データ分析の一連のサイクルを示した．本章では問題設定がなされたとして，問題解決に必要なデータ収集から，データ蓄積及びデータエンジニアリングに至るまでの過程について説明する．

5.1　データ収集

データ収集は文字通りデータを集めることであるが，データの形式や種類，あるいは直面している課題の内容に応じて，その方法は千差万別である．大きく収集の方法を二つに分ければ，新規に集めるか，既に蓄積してあるデータを用いるかの二通りに分けられ，両者を組み合わせる場合もある．最初に新規に収集する場合を考えるが，データサイエンスで分析する対象としては通常ビッグデータが想定されるので，大量のデータを収集するために適している機械的な収集を取り上げる．

まず，実世界の中の物理量を計測して，コンピュータで処理できるように収集するセンシングがある．センシングする対象に応じて用いるセンサを選定する必要があるが，センサにインターネット通信ができるモジュールを組み合わせることが容易にでき，リアルタイムでデータを収集することが可能である．このようにあらゆるものをインターネットに接続する技術を総称して IoT (Internet of Things) と呼ぶ．収集するデータの送り先としては，直接データ分析をするコンピュータに送る場合，クラウドコンピューティングに用いるためクラウドサービスに送る場合，若しくは一旦センサと近い距離にあるエッジサーバに集約する場合などがある．また，センシングをする周期や精度も扱う問題により適切な設定をする必要がある．例としては，工場の生産ラインの管理や，農場の環境センシングが挙げられる．前章で紹介したイーグルバスの赤外線センサもセンシングの事例である．監視や観測のために用いるカメラやマイクもセンシングデバイスの一種である．

Web 技術がコンピュータとインターネットの利用を一般の人々に開放した，といっても過言ではない．検索データや商取引データ，動画，音楽データなどが，日々 Web を通じてインターネット上を駆け巡り，蓄積されている．Web 上を巡回してこれらの電子データを収集することが行われており，クローリングと呼ばれている．さらに，クローリングしたデータから必要な情報のみを抽出することが，スクレイピングである．自動的にインターネットを巡回し，必要なデータを集めてくるプログラム（ソフトウェア）を一般的にクローラ[1]と呼ぶ．

既に蓄積されているデータを利用する場合は，データを集めたときの目的と現在取り組んでいる課題とが合致しているかが重要である．逆にいえば，データを蓄積する場合には，その目的や収集方法などを明記しておく必要がある．また，複数のデータソースから相補的にデータを利用する場合は，データ形式や粒度などをそろえる必要がある．

5.2　データ蓄積

データを整理して蓄積する仕組みをデータベース管理システム (DBMS: DataBase Management System) と呼ぶ．システム内に蓄積されているデータの集まりがデータベース (DB: DataBase) であるが，場合によってはデータベースという言葉がシステムを表すこともあるので気を付けなくてはいけない．DBMS の必要性は大きく二点ある．一点目はデータと処理するプログラム（アプリケーション）を分離して，データの再利用を促進することである．もう一点はセキュリティの観点より，サイバー攻撃やシステム障害などに対するデータ保全機能を高めることである．

データベースは複数のデータを整理して管理することにより，要求があったときに目的のデータの探索とアクセスを容易にする役割がある．現在よく利用されているデータ構造は，2.1.3 節に出てきたリレーショナルデータベース (RDB: Relational DataBase) である．RDB は表形式であり，行にデータであるレコードが入り，列にはデータの属性を並べた形になっていて，人間の目でも分かりやすい形式になっている．

しかしながら，ビッグデータの時代には大量のデータ，非構造化データが増えてきており，RDB では管理が困難になってきた．そのため，SQL とは異なるデータ管理を行う NoSQL (Not only SQL) が使われてきている．NoSQL には主に四つのタイプがある．

キー・バリュータイプ
: キーとバリュー（値）をペアにした非常に単純な構造でデータが格納される．バリューにはバイナリデータや，リスト化されたデータが格納でき，応答が速い．

カラムストアタイプ
: 行ではなく，列方向のデータのまとまりをファイルシステム上の連続した位置に格納し，大量の行に対する少数の列の集約や，同一の値をまとめるデータ圧縮などを効率的に行えるデータベースである．

ドキュメントタイプ
: キー・バリュータイプの考え方を拡張して，XML や JSON のようなデータ構造を柔軟に変更できるドキュメントデータを，一意に特定できるキーを割り当てて格納する．

---

[1] 検索ロボット，ボット (bot)，スパイダー (spider) などと呼ばれることもある．

グラフタイプ

グラフ理論に基づいて，ノード，エッジ，プロパティの 3 要素によって決まるデータを単位として，ノード間の関係性をグラフで表現する．上記の 3 タイプとは異なり関係性をもつが，RDB とは異なる表現であるため NoSQL として分類される．

5.3　データエンジニアリング

収集されたデータはそのままの形で分析に使えることは少なく，分析に適した形のデータに整形する必要がある．収集直後のデータは「生（なま）データ」とも呼ばれ，整形することを前処理と呼ぶこともある．図 5.1 には生データの一例として，Web サイトのアクセスログの一部を示したものである．この生データから分析に必要な部分だけを抽出し整形した結果が表 5.1 である．

```
192.0.3.111 - - [15/Oct/2019:12:34:56 +0900] "GET / HTTP/1.1" 200 5123 "-" ···
192.0.3.123 - - [15/Oct/2019:13:21:12 +0900] "GET / HTTP/1.1" 403 4925 "-" ···
```

図 5.1　Web サイトのアクセスログ

表 5.1　図 5.1 を整形したデータ

IP アドレス	アクセス日時	ステータス
192.0.3.111	2019/10/15 12:34:56	200
192.0.3.123	2019/10/15 13:21:12	403

なお，生データには，分析の精度に悪影響を与える可能性があるノイズ，欠損値，外れ値などが含まれているので，これらを適切に処理する必要がある．また，複数の DBMS からデータを集めて利用するときには，異なる形式を合わせる必要もある．以下では，これらを全て前処理と呼び，よく用いられる手法を示す．なお，カテゴリデータを数値に変換することや，重複しているデータをまとめることも前処理の一つであり，実務においてはデータサイエンティストの仕事の 8 割は前処理といわれるほど比重が大きい．

5.3.1　データクレンジング

クレンジングには汚れを落とすという意味があり，データクレンジングは文字通りデータをきれいにすることで，データクリーニングともいわれる．データの汚れに相当するものとして，ノイズ，欠損値，外れ値がある．データの性質や特徴によりデータクレンジングに用いる手法は異なるため，代表的な方法について述べる．

ノイズとしては，例えば音声データの場合には必要とする音声以外に背景音などがある．音は周波数によって弁別することが可能であるため，必要な周波数だけを取り出すフィルタリングを行うことで，背景音などをノイズとして取り除くことができる．画像データの場合も撮影

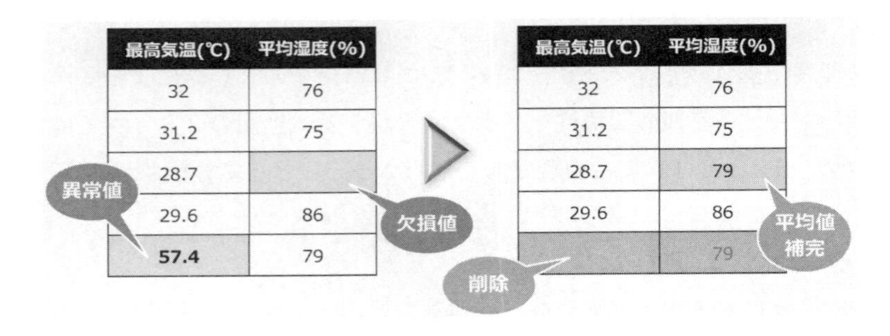

最高気温(℃)	平均湿度(%)
32	76
31.2	75
28.7	
29.6	86
57.4	79

最高気温(℃)	平均湿度(%)
32	76
31.2	75
28.7	79
29.6	86
	79

図 5.2　データクレンジングの例（NTT コムウェア株式会社より提供）

時の信号の変動や符号化の影響で，望ましくない値がノイズとして入ってしまうことがある．画像でも周波数領域でフィルタリングを行うことで，不要なノイズを除去することが可能である．更に画像の特徴量として輪郭（エッジ）や領域を検出することで，分析に用いたいデータのみを抽出することもできる．

欠損値とは得られているべきところにデータがないもの，あるべきデータのところに値がないものである．欠損値のあるデータのレコードは削除してしまい，分析に用いないということが一つの自然な考え方である．ただ，RDB における一つのレコードの複数の属性の中でただ一か所だけ欠損値がある場合などは，それが原因でレコードを削除してしまうのはデータの有効利用の観点から避けたい．このような場合は欠損している属性データを他のレコードの平均値や中央値などで補完することがある．

外れ値は他のデータとは大きく離れた値を示していることである．外れ値に対する対応はほぼ欠損値に対するものと同じであるが，そもそも外れ値と判断する範囲をどのように決定するかが重要であり，問題に対してケースバイケースで対応する必要がある．異常値は外れ値とほぼ同義と考えてよいが，例えばデータの値が想定する範囲から明らかに外れている場合に用いられる．

図 5.2 は，異常値と欠損値に対してデータクレンジングを処置した例である．左側の表で示されるデータ中で最高気温 57.4 ℃は異常値とみなされ，平均湿度の 3 行目が欠損値となっている．そこで異常値である 5 行目のレコードは削除し，平均湿度の 3 行目は他のデータの平均値で補完した結果，右側の表が得られたことを示している．

5.3.2　データ変換

データエンジニアリングの後のデータ分析で用いられるモデルを想定して，データを指定のフォーマットに変換する必要がある．代表的なものがデータの正規化であり，数値データを決められた範囲（例えば 0 から 1 の範囲）に変換することである．データの標準化もよく用いられるものであるが，これは異なるデータセット間で平均値と分散を変換することである．平均値を 0，分散を 1 とすることが多い．これらの手法は特徴量エンジニアリングと呼ばれることもある．そもそも，第 2 章で示したアナログデータをディジタルデータに変換する A/D 変換が，根本的なデータ変換といえる．

5.3.3 データ統合

データ統合は，異なる手法で収集されたデータや，様々なデータベースにある複数のデータを統一的に扱うことができるように整合させる処理である．データ間の一貫性を保つことが重要であり，単位の統一，年号，時刻等の表記の統一，表記ゆれへの対応などを行う．例としては，「2024 年」と「令和 6 年」の混在に対する「2024 年」への統一や，「新潟大」や「新大」の「新潟大学」への変換である．

【章末課題】

5.1 以下の (a) から (c) は，データクレンジング，データ変換，データ統合のいずれに該当するか．

(a) 時刻表記が 12 時間制と 24 時間制の両方が混在していたので，どちらか一方に統一した．

(b) 毎日体温を測定して記録していたが，計測データがない日があり，前後 4 日間のデータで補った．

(c) 各学年の垂直飛びデータを，最大値を 1 に，最小値を 0 に変換するようにして統一した．

第 6 章

データサイエンスにおけるデータ分析

本章では，データサイエンスのサイクルにおけるデータ分析について述べる．データエンジニアリングにより整形されたデータを用いて，対象としている問題に対して有用な情報をデータから抽出する過程がデータ分析である．データ分析の結果は問題解決に有効に役立てられなくてはならず，人間が正しく評価できるものでなくてはならない．

6.1 統計的分析

3.4 節に出てきた統計的な客観的数値指標を求め，それに基づいてデータの特徴を評価することで，データのもつ基本的な性質を理解することができる．グラフによる可視化も重要な分析手法である．ヒストグラムを作成した際に，偏り具合がどの程度あるかなどを直感的に確認できる．更に，最大値と最小値でデータの範囲，平均値でデータの主たる値，分散や標準偏差でデータのばらつき具合が客観的に説明できる．

二種類のデータ間の関係を可視化するために散布図を用いることを 3.3 節で述べたが，2 変数間の関係性を客観的に示すためには相関係数が用いられる．対になる二種類のデータ変数 x, y があり，それぞれ n 個のデータ $(x_1, y_1), (x_2, y_2), \ldots, (x_n, y_n)$ が得られているものとする．このとき x と y の相関係数 r は以下で与えられる．

$$r = \frac{\frac{1}{n}\sum_{i=1}^{n}(x_i - \bar{x})(y_i - \bar{y})}{\sqrt{\frac{1}{n}\sum_{i=1}^{n}(x_i - \bar{x})^2}\sqrt{\frac{1}{n}\sum_{i=1}^{n}(y_i - \bar{y})^2}} \tag{6.1}$$

$$= \frac{s_{xy}}{s_x s_y} \tag{6.2}$$

ここで s_x と s_y はそれぞれ x と y の標準偏差であり，s_{xy} は x と y の共分散と呼ばれる．相関係数は -1 から 1 の範囲の値を取り，相関関係が正の場合は二変数間には正の相関があるといい，負の場合は負の相関があるという．また，散布図上でデータが直線的に配列していれば，相関係数の絶対値は 1 に近い値を取り，二変数間には強い相関がある．逆に相関係数の絶対値が 0 に近い値のときは相関が弱く，相関係数が 0 であれば無相関という．一般的な相関係数の値と相関の強さの関係を表 6.1 に示すが，あくまでも目安であり，実際のデータの散布図上の配置を確認することが必要である．

表 6.1 相関の強弱

相関係数	相関の強弱
$0.7 < r \leq 1.0$	かなり強い正の相関がある
$0.4 < r \leq 0.7$	正の相関がある
$0.2 < r \leq 0.4$	弱い正の相関がある
$-0.2 \leq r \leq 0.2$	ほとんど相関がない
$-0.4 \leq r < -0.2$	弱い負の相関がある
$-0.7 \leq r < -0.4$	負の相関がある
$-1.0 \leq r < -0.7$	かなり強い負の相関がある

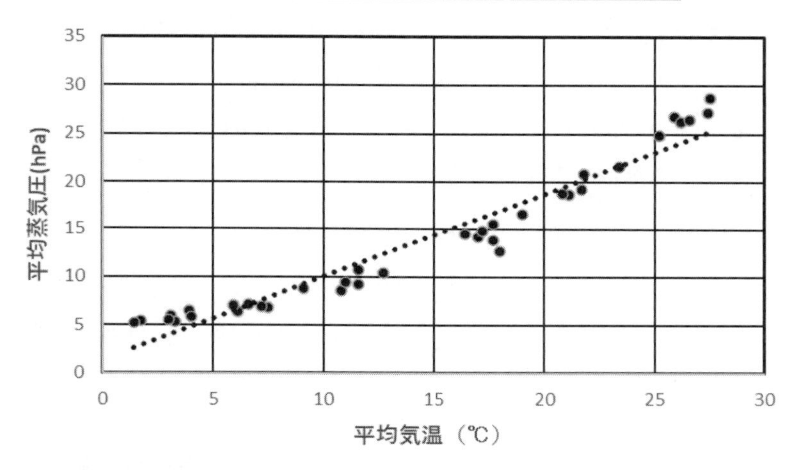

図 6.1 新潟市の月ごとの平均気温と平均蒸気圧（2017 年から 2019 年）
（「新潟（新潟県）2017 年から 2019 年（月ごとの値）主な要素」（気象庁）を基に作成）

相関関係と混同されがちなのが因果関係である．因果関係では，一方の変数（原因側）がもう一方の変数（結果側）の原因となっていて，原因側の変数を変化させると結果側の変数も変化するという関係である．相関関係は二つの変数の間にある何らかの関係であることを示しているが，どちらかの変数が他の変数の直接的な原因になっているとは限らない．したがって相関関係が認められたからといって，因果関係があると断言してはいけない．

具体的なデータを用いて分析例を示す．気象庁は種々の気象データをオープンデータとして Web 上で公開しており，幅広い用途で手軽に利用できるように一般に提供している．このオープンデータより 2017 年から 2019 年の新潟市の月ごとの平均気温と平均蒸気圧のデータを収集し，3.3 節で述べた散布図で示したものが図 6.1 である．図 6.1 の横軸が平均気温，縦軸が平均蒸気圧で，36 個のデータが表示されている．これら二つのデータ変数間の相関係数は 0.97 となり，強い正の相関があることが分かる．

更に，このように 2 変数の関係性が分かったときに，一方の変数の観測により他方の変数の値を予測することを考える．最もよく用いられる手法が回帰分析である．回帰分析では，予測のために用いられる変数を説明変数，予測される変数を目的変数と呼び，目的変数の予測や分析を説明変数を用いて行うことが目的である．

相関係数は，散布図上で2変数に直線的な関係があるときには絶対値が1に近い値をとるものであったので，この直線的な関係性を用いて予測することを考える．この場合は目的変数 y に対して一つの説明変数 x を用い，以下のような関係式（回帰式）を求めることになる．

$$y = a + bx \tag{6.3}$$

a は定数項で，b は（単）回帰係数である．ここで，n 個の観測データ $(x_i, y_i)(i = 1, \ldots, n)$ が得られているものとする．観測データ x_i に対して回帰式により y_i の推定値 $\hat{y}_i$ が求まる．

$$\hat{y}_i = a + bx_i \tag{6.4}$$

このとき，実際の観測データの値と推定値の差を残差 e_i と呼び，以下のように求められる．

$$e_i = y_i - \hat{y}_i = y_i - (a + bx_i) \tag{6.5}$$

この残差の全ての観測データに対する平方和を最小にするように a と b を決定するのが最小二乗法であり，その結果求められる a，b は以下のようになる．

$$a = \bar{y} - b\bar{x} \tag{6.6}$$

$$b = \frac{s_{xy}}{{s_x}^2} \tag{6.7}$$

$\bar{y}$，$\bar{x}$ は3.4.1節で出てきた平均値であり，s_{xy} は x と y の共分散，s_x は x の標準偏差である．このように回帰式を求めることを回帰分析といい，説明変数が一つ（ここでは平均気温）である場合を単回帰分析という．一方，説明変数が複数ある場合は重回帰分析と呼ばれる．図6.1の中に描かれている点線が，36点の観測データの回帰分析で求められた回帰直線である．

なお，回帰分析において「線形回帰」というときの「線形」は，回帰式が線形結合の形をしていることを指しており，関数のモデルが一次関数（直線）ということを意味するものではないことに注意が必要である．また，上記の例では平均気温と平均蒸気圧の関係を一次式で関係づけたが，これは着目する現象をどうモデル化するかによって定まるものであり，統計学的知見のみならず，その現象の背後にあるより深い知識や理論を必要とすることも少なくない．

6.2　機械学習による分析

人間は，過去に解決した経験のある問題と似た新たな問題に遭遇した際，その過去の経験を基に，より新たな問題でも解決することができる．このような人間の行為を模擬するように，コンピュータ（機械）に問題を解かせる手法が機械学習である．機械学習は大きく，教師あり学習 (supervised learning)，教師なし学習 (unsupervised learning)，強化学習 (reinforcement learning) の三つに分けることができる．教師あり学習は，あらかじめ正解が分かっているデータが与えられている状況で，機械が出す結果の正解率ができる限り高くなるように学習のモデルを構築していくものである．ここでモデルというのは，数式，関数，グラフ構造などで入出力関係を記述できるものと考えてよい．データに正解を与えることを，ラベル付けあるいはアノテーションと呼ぶ．教師なし学習では，正解は与えられず，データのみからある一定の法則を導き出すものである．特にデータ全体をいくつかのグループに分割するクラスタリングに用いられることが多い．強化学習においては正解は与えられないものの，ある行動を起こした場合に与えられる報酬が定義されており，できる限り受け取る報酬が多くなるように試行錯誤で行動を決定していく．行動する主体は通常エージェントと呼ばれ，ロボットの行動学習やゲームにおける戦略学習に用いられる．表6.2で三つの手法の比較を示す．

表 6.2 機械学習の分類

	教師あり学習	**教師なし学習**	**強化学習**
特徴	学習データに正解のラベルが与えられている	学習データに正解は与えられていない	学習時の行動に対する報酬が与えられている
手法の概要	学習データの入出力関係を表すモデルを構築する	学習データの構造やパターンを推測し，モデル化する	エージェントが試行錯誤しながら行動し，高い報酬が得られる行動を選択するようにモデルを構築する
適用される課題	学習済みのモデルを用いた未知のデータに対する予測であり，予測結果は課題に応じて回帰や分類となる	推測されたモデルを用いて，共通する特徴をもつデータごとに分類するクラスタリングに向いている	システムを制御する際の最適化のモデルや，ゲームにおける戦略の獲得に用いられる
代表的な手法	決定木，ランダムフォレスト，ニューラルネットワーク，サポートベクターマシン (SVM: Support Vector Machine)	Ward 法，k-means 法，主成分分析 (PCA: Principal Component Analysis)	Q 学習，TD 学習，DQN (Deep Q-Network)

データサイエンスにおいても，収集されたデータに対して適切な学習手法を用いることにより，データから予測モデルを構築したり，データのもつ意味を引き出したりなどの分析が可能である．以下では教師あり学習について説明する．収集されたデータには複数の属性があり，その中の一つの属性を目的変数とし，残りの属性を説明変数とする．求めるべき学習モデルは，説明変数を入力した場合に目的変数を出力とするものである．このような学習モデルを構築するための手法としては，最小二乗法，決定木，ニューラルネットワーク，サポートベクトルマ

シンなど様々なものが提案されている．

6.2.1　決定木

データがいくつかのグループに分けられるという問題で，このときグループをクラスと呼び，収集されたデータには分類されるクラスが正解として付いているものとする．クラス以外のデータ属性値が説明変数として入力され，それに対応するクラスを目的変数として出力するモデルである．図6.2に決定木による分類の概略を示す．説明変数として属性1，属性2，属性3が与えられていて，データの値により分岐が起こり，最後に到達するところが結果であり，目的変数で表されるクラスとなる．図6.2に示す構造が一番上の属性1の部分を根とみなして次第に枝分かれしていくので，これを木（ツリー）の形状と呼ぶ．決定木はこのような木形状をもった分類器である．

表6.3に示されている8種類の脊椎動物のデータを分類する決定木を作成する．一番上の行に示している4本足から肺呼吸までの5項目が説明変数である属性であり，目的変数であるクラスは哺乳類など5種類となっている． 各属性に対する属性値は該当するか，しないかの

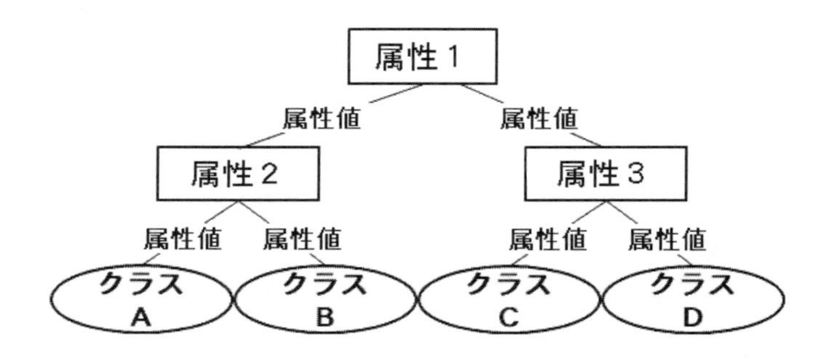

図 6.2　決定木による分類の概略図

表 6.3　動物と属性

動物名	4本足	恒温	卵生	体毛	肺呼吸	クラス
チンパンジー	○	○	×	○	○	哺乳類
ワニ	○	×	○	×	○	は虫類
ライオン	○	○	×	○	○	哺乳類
アヒル	×	○	○	○	○	鳥類
ゾウ	○	○	×	○	○	哺乳類
マグロ	×	×	○	×	×	魚類
クジラ	×	○	×	○	○	哺乳類
カエル	○	×	○	×	○	両生類

カテゴリデータとなっており，表 6.3 では該当する場合に○，該当しない場合は×となっている．このデータを基に，哺乳類と哺乳類以外を分類する決定木を作成した結果が，図 6.3 と図 6.4 である．どちらの決定木を用いても，与えられたデータは正しく分類されるが，分岐が少なく構造が単純な図 6.4 の方が決定木としてはよい．決定木を作成するアルゴリズムとしては，ID3 (Iterative Dichotomiser 3)，C4.5，CART (Classification And Regression Trees) などが知られている．

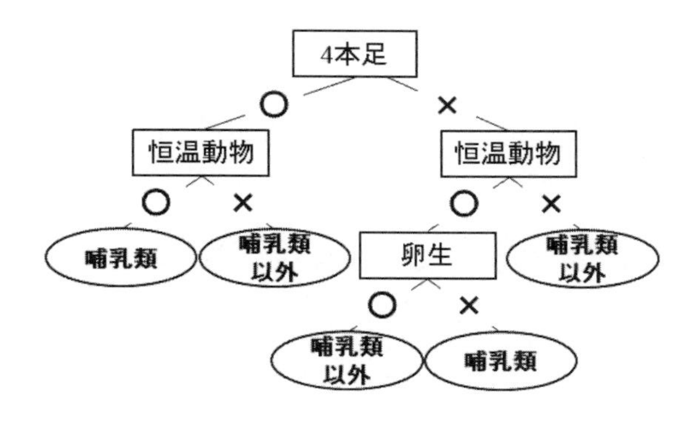

図 6.3 決定木による動物の分類

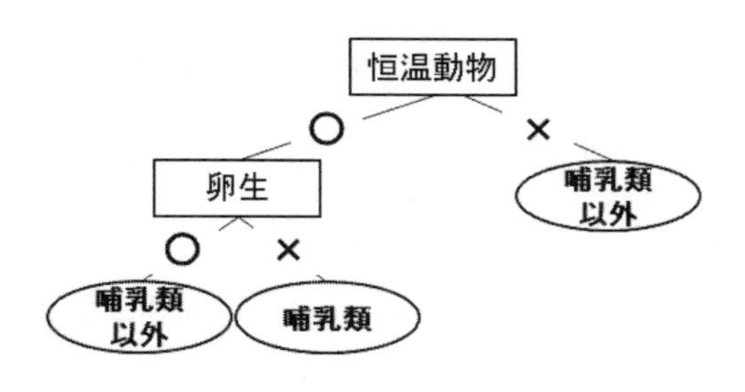

図 6.4 決定木による動物の分類

6.2.2 ニューラルネットワーク

人間の脳は，膨大な数の神経細胞が複雑につながりあって形成されていて，それは特徴的な構造をもったネットワークのようである．神経細胞の中を信号が伝達することにより，認知などの機能が発現されることが分かっている．このメカニズムを人工的に再現しようとしたものが，ニューラルネットワーク (Neural Network) であり，神経回路網とも呼ばれる．

図 6.5 は一つの神経細胞を模式的に示したものである．神経細胞の細胞体から複数の樹状突

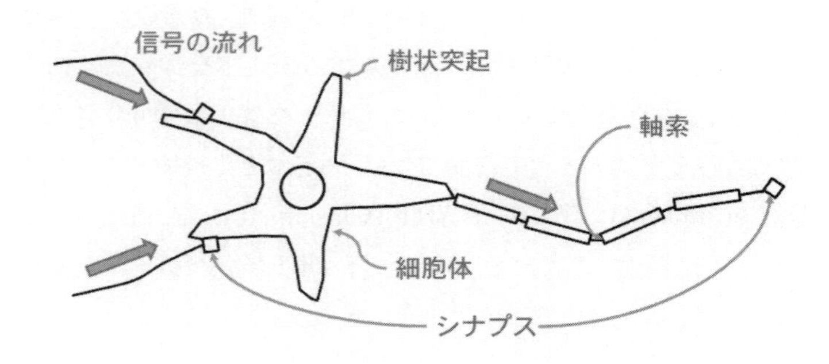

図 6.5　階層形ニューラルネットワーク

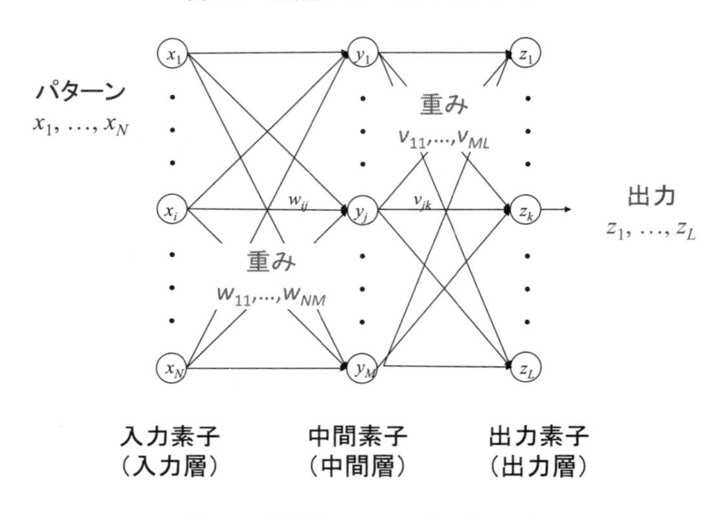

図 6.6　階層形ニューラルネットワーク

起と通常は一本の軸索が出ている．一つの神経細胞の軸索は別の神経細胞の樹状突起との間で，信号を伝達するためのシナプスという構造を形成する．軸索は信号を送り出し，その信号がシナプス構造を通じて別の神経細胞の樹状突起で受け取られる．このような神経細胞のつながりを実現するニューラルネットワークのモデルにも様々な種類があり，教師あり学習にも教師なし学習にも用いられているが，ここでは教師あり学習に通常用いられる図 6.6 に示す階層形ニューラルネットワークを取り上げる．図 6.6 に示す階層形ニューラルネットワークは簡単な構造のものを示しており，入力層，中間層，出力層の三層からなるものである．実際の神経細胞の細胞体に相当するところが丸で示されていて，丸の間の線が信号を伝達する神経細胞の軸索に相当する．丸をノードと呼び，線をエッジと呼ぶこととする．それぞれのエッジには重みと呼ばれる変数が付けられており，重みが大きいほど信号が強く伝わることを表す．

入力信号は入力層のノードに与えられ，入力層側のノードから出力層側のノードに一方向に伝達される．中間層における一つのノードでは，入力側からつながっているエッジに入ってくる信号と重みを用いてノード内で計算が行われ，出力側に出ているエッジにその結果が伝えられる．最後の出力層のノードから出てくる答えが出力となる．

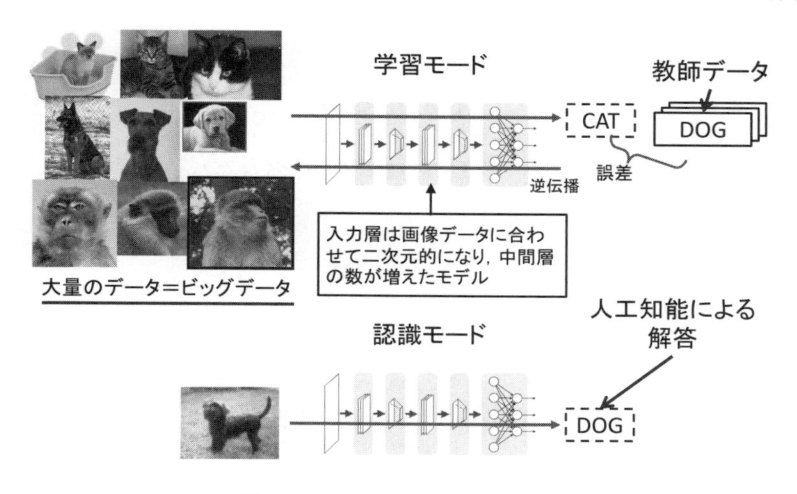

図 6.7 ディープラーニングの概要

収集されたデータの一つの属性値を求めるべき目的変数としたとき，それ以外の属性値が説明変数となる．したがって，説明変数を入力としてニューラルネットワークに入れたとき，対応する目的変数の値が出力として出てくることが目標となる．正解が与えられている全ての学習データに対して，この目標をできる限り達成できるようにするためには，変数となっている重みをうまく調整することが必要である．この調整を行うために考えられた手法がバックプロパゲーション (Back Propagation) 法であり，日本語では誤差逆伝播学習法と呼ばれる．これは最急降下法の原理に基づいて，ニューラルネットワークが計算した出力値と正解の値との差を誤差とし，出力層側から入力層側まで順次重みを更新していくものである．学習が成功すると，与えられた入力に対して望ましい出力結果が出てくる学習モデルが構築される．

2010 年代より画像認識などで高い正解率を挙げ注目されているディープラーニング（Deep Learning: 深層学習）は，非常に簡単にいうと，中間層の数を多くしたニューラルネットワークを用いて学習させる手法である．ノードやエッジの数が膨大になり学習に時間がかかるが，ニューラルネットワークのもつモデルの表現能力も増大し，様々な複雑な問題に適用できるようになったわけである．

図 6.7 に，学習モードと認識モードで構成されるディープラーニングの概要を示す．両方のモードに共通のニューラルネットワークのモデルが用いられている．画像を学習する例が示されており，まず認識モードでいくつかのクラスに分類される大量の画像データが順次入力される．ここでは，ネコ，イヌ，サルの三種類の画像クラスに分類される画像データが入力され，モデルの出した「ネコ」という出力と正解の教師データによる「イヌ」が違っていた場合にそれが誤差となり，モデルの更新が行われる様子が示されている．そして認識モードでは，学習が終わったニューラルネットワークに未知のイヌの画像データが入力されたときに，正しく「イヌ」と判定されていることを示している．

【章末課題】

6.1　決定木とニューラルネットワーク以外の教師あり学習について調べよ．

6.2　教師なし学習，強化学習について調べよ．

第7章

データサイエンスの事例

本章では，簡単な事例を用いて図 1.5 に示すデータサイエンスサイクルの一連の流れをたどってみる．ここでは，ある会社が現在展開しているサービスの解約が最近増加しているということに困っている，という事例を考える．図 7.1 に示すように，様々なデータから解約をしそうな顧客リストを抽出し，引き留めるためにダイレクトメールを送るなどの対策が必要となる．この対策はデータサイエンスにおいて解約分析と呼ばれ，サブスクリプションサービスのビジネス展開に有効な分析手法である．なお，サブスクリプションサービスとは，音楽聞き放題やマンガ読み放題のように，一定期間の定額制でサービスを繰り返し利用できるサービスである．

7.1 問題設定

まずは，ビジネス課題から問題設定を行わなくてはならない．課題はサービス解約数の増加であり，それに対するソリューションは解約防止する施策を見つけ実行することと考えられる．課題に対してデータサイエンス分析を適用するとなると，問題設定は「機械学習により解約の予兆のある人を抽出し，解約予兆のある人の属性を把握する」ことである．

他にも例えば，今年度のアンケート結果が昨年度の結果より数値的に下がっていたが，偶然かどうか判断できないという課題に対しては，「統計検定により発生した差分が偶然によるものか，有意なものかを算出」するという問題設定ができる．また，次年度の生産計画を決定す

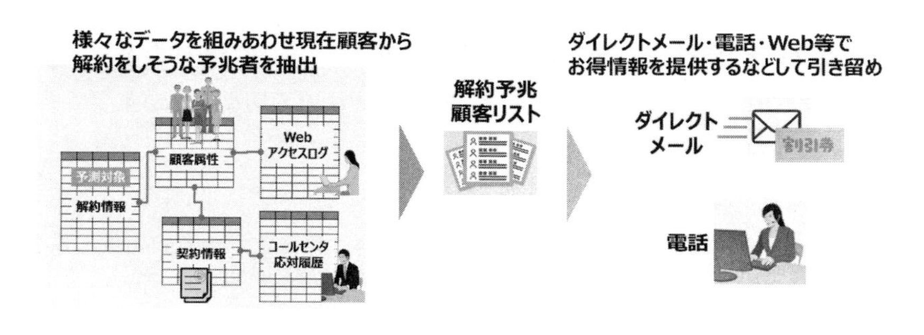

図 7.1 解約分析のイメージ（NTT コムウェア株式会社より提供）

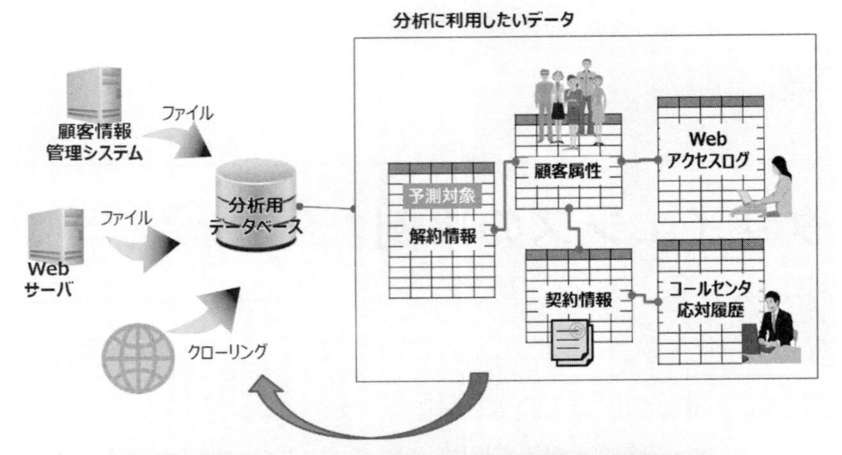

図 7.2　データ収集の検討（NTTコムウェア株式会社より提供）

るために需要の予測が必要というという課題に対しては，「過去の需要データに他の業界のトレンドデータや気候データなども用いて予測モデルを作成する」という問題が設定できる．この段階では，実際に課題を抱えている人から関係しそうな事項を引き出したり，その中で優先度を決めたりするためのコミュニケーション能力が必要である．

同じような問題であっても，往々にして課題の優先順位が異なったり，外部条件が違ったりするので，臨機応変に対応しなければならない．そのために多彩な解決手法や複眼的なものの見方を身に付けておくと有利であり，これもビジネス力の一つである．

7.2　データ収集

問題が設定できたら，分析に必要な各データの取得方法を把握し，適切なデータ収集方法を決定する．今回の問題に対しては図 7.2 に示すように，予測対象となる目的変数は解約の有無を示した解約情報であり，それに直接リンクする顧客属性，更にその先に関連付けられる Web のアクセスログや契約情報，コールセンタ応対履歴が必要であると想定できる．実際のデータ収集は，各データの管理部門へ依頼を行う，Web サーバからログデータとして収集する，クローリングやスクレイピングにより外部から取得する，など適切な方法を選択する．このように，分析に利用したいデータから逆算したデータ収集方法の適切な決定が重要である．

7.3　データエンジニアリング

収集されたデータに対し，データクレンジングを行う．契約者データの属性には名前，住所，電話番号が含まれているが，入力者によって表記ゆれが往々にしてあるので，それらの統一化を行う．例えば電話番号は市外局番，市内局番，加入者番号の間をハイフンで結んだり，括弧を使ったり，空白が入っていたりと統一されていない可能性があるので，これをどれかに統一す

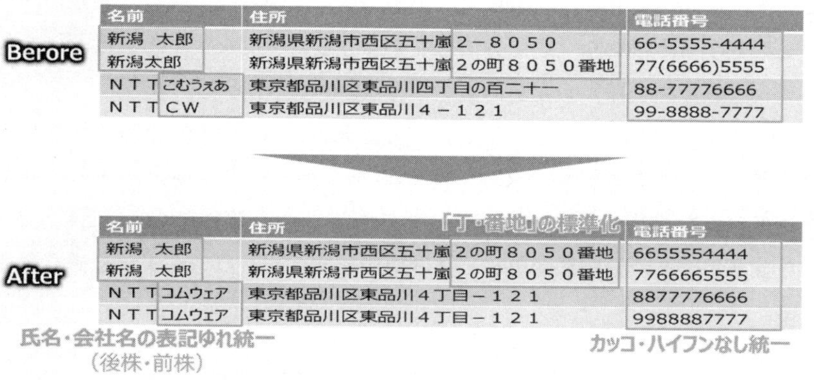

Berore

名前	住所	電話番号
新潟　太郎	新潟県新潟市西区五十嵐２－８０５０	66-5555-4444
新潟太郎	新潟県新潟市西区五十嵐２の町８０５０番地	77(6666)5555
ＮＴＴこむうぇあ	東京都品川区東品川四丁目の百二十一	88-77776666
ＮＴＴＣＷ	東京都品川区東品川４－１２１	99-8888-7777

After

「丁・番地」の標準化

名前	住所	電話番号
新潟　太郎	新潟県新潟市西区五十嵐２の町８０５０番地	6655554444
新潟　太郎	新潟県新潟市西区五十嵐２の町８０５０番地	7766665555
ＮＴＴコムウェア	東京都品川区東品川４丁目－１２１	8877776666
ＮＴＴコムウェア	東京都品川区東品川４丁目－１２１	9988887777

氏名・会社名の表記ゆれ統一
（後株・前株）

カッコ・ハイフンなし統一

図 7.3　データクレンジングの例（NTT コムウェア株式会社より提供）

る必要がある．また，同じユーザの複数のデータをまとめることもあり，これを名寄せという．

データクレンジングの例を図 7.3 に示す．上の表がデータクレンジング前のデータを示し，下の表がデータクレンジングを施した後のデータである．名前のカラムで一番目と二番目，三番目と四番目はそれぞれ同一の対象であるが，表記ゆれが発生している．住所のカラムの一番目と二番目も同様である．これらを同一のデータとして扱えるように，データクレンジング後では表記が統一されていることが分かる．電話番号のカラムでは，上の表では括弧やハイフンが混在しているため，データクレンジングで括弧，ハイフンを取り除き表記統一を行っている．

7.4　データ分析

データ分析の基本として統計的な分析を行い，データの中身を把握しておくことが重要である．平均値や中央値，最大値と最小値によるデータの範囲の確認や，欠損値の割合の確認がこれに相当する．また，ヒストグラムや箱ひげ図による直感的理解や，散布図による変数同士の関係性の把握も必要である．この基本的な統計分析や欠損値の割合，データの偏りの確認などを行うことにより，データの中身を把握し理解しておくことがこの後のプロセスにおいても重要になる．

次に，ソリューションにつなげるためのデータ分析を実施する．ここでは，解約予兆を予測する必要があるため，教師あり学習の手法を適用することとし，説明変数から目的変数を予測するモデルを構築する．目的変数は解約情報であり，説明変数として適切なものを選択しなければならない．この説明変数の選択を特徴量設計と呼ぶこととする．特徴量は収集されたデータから選択できればよいが，さらにデータ同士の演算により求められる結果を特徴量とする場合もある．

特徴量設計により説明変数を選択した後，予測モデルを構築する．予測モデル構築の具体的な方法はケースバイケースであり，第 6 章に出てきた回帰分析，決定木，ニューラルネットワークのいずれかを用いてもよいし，他の教師あり学習の方法を考えてもよい．必ずしも最初に適用した手法が最適なモデルとは限らず，予測精度が上がらない場合は現在の説明変数から新たな説明変数を作り出したり，適用方法を変えたりし，予測モデルの精度評価を行いながらよりよいソリューションを探す必要がある．

予測モデルの精度検証の一つの方法として，交差検証 (Cross Validation) がある．交差検証では，説明変数と目的変数がそろっているデータを訓練データと検証データに分割し，訓練データで予測モデルを構築した後で検証データで構築した予測モデルの予測精度を評価する．訓練データと検証データの分割を変更し，精度評価を複数回行う方がよい正確な評価ができるとされている．

【章末課題】

7.1　身の回りで，データサイエンスサイクルが適用できる事例を考えよ．

第 8 章

データ倫理

第 1 章で，インターネットサービス等を通じて大量の取引データや個人データを収集し，ビジネスにおいて大きな利益を上げている IT プラットフォーマの存在について触れ，データの囲い込みや正当な競争の制限に対して警戒が必要であることを述べた．データ収集，利活用においてコンプライアンス（法令遵守）が求められるが，これは単に法律を守るというだけではなく，社会的良識に沿って行動することも含んでいる．データのもつ意味が大きく変わり，これまでにない使われ方が絶えず生み出されていく中で，法律の整備が後手に回ったり，法の抜け穴があったりする場合もある．このような状況で，データ利活用に関して倫理的かつ社会的な配慮と責任ある行動が求められる．本章では，我が国におけるデータに関係する法律[1]について簡単に述べた後，代表的な国外の事例を紹介し，ビジネスにおいてデータを正しく利用するために必要な倫理について述べる．

8.1 データに関係する法律

データが著作物とみなされる場合は，そのデータは著作権法により保護される．著作権法の規定では，「著作物」は「思想又は感情を創作的に表現したものであって、文芸、学術、美術又は音楽の範囲に属するもの」と定義されている．例えば，自分で撮影して収集した画像データは著作物に相当すると考えられ，無断複製などから守られる対象となる．一方で，著作物の作者自身がデータを流通させたいという意図で利用するのが，4.2 節で述べた CC ライセンスである．

また，2019 年 1 月 1 日より施行された改正著作権法では，他人の著作物（画像や音楽などのコンテンツ）を利用する場合であっても，以下の場合は著作権者の同意がなくとも利用が認められることになった．

- 著作物に表現された思想又は感情の享受を目的としない利用（第 30 条の 4 関係）
- 電子計算機における著作物の利用に付随する利用等（第 47 条の 4 関係）
- 電子計算機による情報処理及びその結果の提供に付随する軽微利用等（第 47 条の 5 関係）

しかしながら，IoT を用いて自動的に収集される大量の数値データ（いわゆるビッグデータ）

[1] 本書は法律に関する専門書ではないため，必ずしも正確な法律用語に基づいていないことを御理解頂きたい．

が著作物であるかという基準に関しては，更なる検討が必要である．著作権法では，「データベースでその情報の選択又は体系的な構成によって創作性を有するものは、著作物として保護する」と，データベースを著作物として保護する規定はある．そのようなデータベースに蓄積されたビッグデータも同様に著作物として保護される可能性もあるが，データベース化される前の生データは著作物と認められないケースも多々あると考えられる．

データ利活用に関連するもう一つの課題に，個人情報やプライバシーがある．前者に関係する法律は個人情報保護法であり，その中で「個人情報」「個人データ」「保有個人データ」が定義されている．ここで「個人情報」は生存する個人に関する情報であって，次のいずれかに該当するものをいうと定められている．

1. 当該情報に含まれる氏名、生年月日その他の記述等（中略）に記載され、若しくは記録され、又は音声、動作その他の方法を用いて表された一切の事項（中略）により特定の個人を識別することができるもの（他の情報と容易に照合することができ、それにより特定の個人を識別することができることとなるものを含む。）
2. 個人識別符号が含まれるもの

ここで，個人識別符号とは身体の一部の特徴をコンピュータで扱えるように変換した符号か，若しくは，サービス利用や書類において対象者ごとに割り振られる符号のことである．顔画像や指紋，虹彩，あるいは DNA (deoxyribonucleic acid) などをディジタル化したデータは前者に含まれ，旅券番号，基礎年金番号，免許証番号，住民票コード，マイナンバー，各種保険証などをコンピュータで扱えるように符号化したものは後者に含まれる．

個人情報保護法の対象者は，個人単位の情報をデータベース化して事業の用に供している全ての事業者であり，個人情報を取得する際には利用目的を特定し，通知，又は公表することが義務づけられるなど，個人情報保護法では個人の権利や利益を保護した上で個人情報を有効に活用するためのルールが定められている．この事業者には，自治会や同窓会などの非営利組織も含まれており，様々な社会活動を行っていく上で個人情報に配慮することが求められる．

更に個人情報保護法において，個人情報をデータベース化したり検索可能な状態にしたものが「個人情報データベース等」と定義され，「個人情報データベース等」を構成する情報が「個人データ」であり，「個人データ」のうち事業者に修正や削除等の権限があるもので，6 か月以上保有するものが「保有個人データ」と定められている．

2017 年より施行された改正個人情報保護法では，個人情報の自由な流通や利活用を促進することを目的に，匿名加工情報という考えが導入された．匿名加工情報とは，特定の個人を識別することができないように個人情報を加工し，当該個人情報を復元できないようにした情報であり，作成方法の基準は個人情報保護委員会規則で定められている．ここで，個人情報保護委員会とは個人情報の保護等を所管する独立性の高い公的機関で，2016 年 1 月に設立されたものである．

個人情報保護法では，プライバシーの保護や取扱いに関する規定は含まれていないが，「個人情報」の適正な取扱いによりプライバシーを含む個人の権利利益の保護を図る目的がある．そもそもプライバシーは「個人の秘密や私事を侵害されない権利」という意味があり，最近は「自分の情報をコントロールできる権利」という意味も含められている．したがって，個人情報の適切な取り扱いはプライバシー保護と表裏一体の関係にあるわけである．なお，我が国では「プライバシーマーク制度」が，1998年から一般財団法人日本情報経済社会推進協会により運営されている．この制度の下，「個人情報」を取り扱う仕組みや手続き，そして運用体制が決められた基準に適合した事業者には，プライバシーマークの使用が認められる．

2016年12月には，国，自治体，独立行政法人，民間事業者などが管理する官民データを適正に活用することを目的に，官民データ活用推進基本法が施行された．データ活用の具体的な方策の一つが「情報銀行」であり，本人が同意した一定の範囲において，本人が信頼できる事業者に個人情報の第三者提供を委任して，その便益を本人や社会に還元するための仕組みである．しかしながら，個人情報を提供する側からは手間の割にはメリットが感じられないという意見があったり，集まったデータの活用法が明確でなかったりと，うまく軌道に乗っていないのが現状である．

8.2 国外の状況

データの利活用には，法律の整備と法令遵守の必要性に加え，倫理的かつ社会的配慮が必要である．諸外国では既にこうした課題への政策的，実務的な取り組みが実施されつつある．

米国では，個人情報を積極的に利用して価値を生み出すという考えが強く，収集した個人情報から個人の次の行動を予測して有用な情報を提供するといったサービスが，ビジネスの当たり前の手法として用いられてきた．その結果，膨大な個人データを掌握し得る立場になった巨大ITプラットフォーマへの警戒感が高まっている．

欧州連合 (EU: European Union) においても上記の巨大ITプラットフォーマの個人情報に基づくビジネスが問題視され，個人情報（データ）の保護という基本的人権の確保を目的とした一般データ保護規則 (GDPR: General Data Protection Regulation) が2016年5月に発効し，2018年5月から施行されている．GDPRでは，EUを含む欧州経済領域 (EEA: European Economic Area) 域内で取得した個人データ（氏名，Eメールアドレスなど）をEEA域外に移転することを原則禁止したものである．

中国は，サイバーセキュリティを強化するために制定した法令として「サイバーセキュリティ法」を2016年11月に公布，2017年6月から施行している．この法律は，ネットワーク上でのデータや個人情報の取り扱いなどを，国家安全や個人情報保護の観点から規制するものとなっている．例えば，中国国内で収集，発生した「個人情報」及び「重要データ」は中国国内に保存されることを義務付けており，国外に提供する必要がある場合は規則に従って安全評価を行わなければならないとされている．

また，中国では政府主導で国民の信用レベルを計測し，社会的な不正を減らすことにより，健全な社会システムを築こうという取り組み「社会信用システム構築計画」を進めている．これに伴い，ITプラットフォームを運用する企業は，決済システムの利用，ネットショッピングの利用状況，公共料金や金融の利用などから，個人特性，支払い能力，返済履歴，人脈，素行といった五つの要素から信用スコアを個人ごとに付与している．そして，高い信用スコアのユーザは様々なサービスでメリットを享受できるようになっている．中国では個人の信用の数値化に対してあまり抵抗感はないようである．他の国でも信用スコアが普及するかどうかは，個人情報の厳格な管理や信用スコアの算出方法の透明性がより必要であると考えられる．

8.3　個人データ活用と倫理

これまで個人データやプライバシーは情報流出や悪用の問題に焦点が当てられることが多く，過度な保護に向かう傾向が強かったように思われる．近年は，個人データを保護しつつ活用を図ることが考えられ，その一つの例が前述した「情報銀行」になる．ディジタル社会においてデータの価値を最大限に高めるために，ICTを駆使していくことが必要と考えられる．一方で，最終的にデータを提供する側も利用する側も人であるので，互いの信頼関係が結べていることが健全な社会には重要なことであろう．例えば，個人の履歴などの情報の収集にあたっては，原則として本人からの事前同意が必要であるが，後で同意の有無が問題となることがある．その理由には，ユーザ側が同意する前に提示される利用規約の内容をよく読んでいない場合もあるが，利用規約の文字が小さかったり不必要に長文であったりと，情報を収集する側に問題があることもある．社会全般においてデータに関するリテラシーを高め，適切に個人情報が活用されるように，倫理面での意識向上が今後ますます必要となってくると考えられる．

【章末課題】

8.1　プライバシーに関する権利は法律で規定されているか，調べよ．

8.2　2023年にEU内で暫定的な政治合意が得られた，いわゆるAI法案に関して調べよ．

章末課題解答

第1章

1.1 会社内の決裁に電子印鑑などを導入して，紙に必要な人の印鑑を押すやり方から，電子文書をインターネット上で共有して電子的に承認を行うやり方に変えるような場合.
1.2 本文中にも出てきた，一般社団法人データサイエンティスト協会の Web サイトなどを参考にするとよい.

第2章

2.1 (a) 名義尺度，(b) 比例尺度，(c) 順序尺度，(d) 比例尺度，(e) 間隔尺度，(f) 名義尺度，(g) 比例尺度
2.2 例えば，国土交通省気象庁は気象データをビッグデータと位置づけて，気象データを利活用している事例を Web ページで公開している.

第3章

3.1

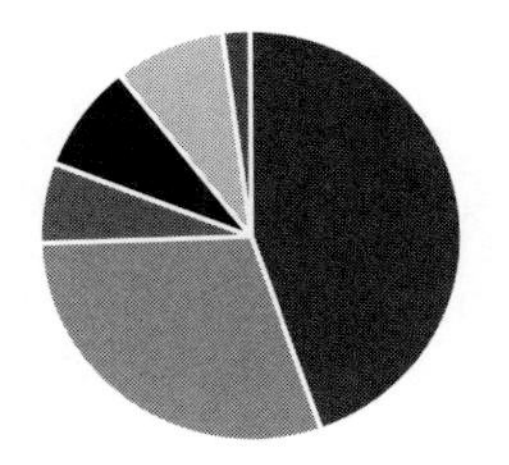

3.2 平均値 403.8，分散 74339，標準偏差 272.7

第4章

4.1 クリエイティブ・コモンズ・ジャパンの Web ページに活用事例が紹介されている.
4.2 各自治体の Web ページなどを閲覧し，確認して頂きたい.

第5章

5.1 (a) データ統合 (b) データクレンジング (c) データ変換

第 6 章

6.1 本文中で名前を挙げたサポートベクターマシン以外に，ロジスティック回帰，k 近傍法，ナイーブ・ベイズなどがある．
6.2 人工知能の専門書などを参照するとよい．

第 7 章

7.1 例えば，賞品の売り上げを伸ばすことが目的であるマーケティングの分野で，仮説を立てながら目標達成に近づけるための戦略を立てていくことがあり，このような場合にも適用できる．

第 8 章

8.1 プライバシーに関する権利，プライバシー権は憲法や法律では規定されていない．憲法解釈や判例により確立されてきた権利である．
8.2 EU 域内で使用される AI のシステムが，安全で基本的権利や EU の価値を尊重することを目的としたもので，違反した企業に罰金を科すことも定められている．

索　引

著　者

山﨑 達也　　新潟大学工学部

データサイエンス概説（がいせつ）【第2版】

2020 年 9 月 30 日	第 1 版　第 1 刷　発行
2023 年 9 月 25 日	第 1 版　第 4 刷　発行
2024 年 2 月 15 日	第 2 版　第 1 刷　印刷
2024 年 2 月 25 日	第 2 版　第 1 刷　発行

著　者　山﨑 達也（やまざき たつや）
発行者　発 田 和 子
発行所　株式会社 学術図書出版社

〒113−0033　東京都文京区本郷 5 丁目 4−6
TEL 03−3811−0889　振替 00110−4−28454
印刷　三和印刷（株）

定価は表紙に表示してあります．

ISBN978−4−7806−1247−9　C3040